零戦《ゼロファイター》99の謎

「地上の星たち」がつくり出した世界最強戦闘機のすべて！

兵器研究家
渡部真一

二見書房

はじめに　零戦は「地上の星」たちがつくり上げた最高傑作

零戦といえば、第2次大戦でアメリカのコルセアやP－38、イギリスのスピットファイアーなどを相手に、大活躍した戦闘機であることは、今や広く知られている。ところが戦時中は、日本では零戦は知られていなかった。当時、誰でも知っている戦闘機といえば、陸軍の「隼」である。隼は、加藤建夫中佐が率いる「加藤隼戦闘機」の活躍が大々的に報道されていたこともあり、知らない人はいなかったほどである。

零戦は、隼以上に活躍した戦闘機で、日本を代表する戦闘機であることに異論を唱える人はいないはずだ。それなのに、戦争中は零戦の名前は知られていなかった。知る人が少なければ秘密は守られる。これがキーポイントだ。つまり、零戦は秘密にされていたのである。この点は、戦艦大和が戦争中に国民に知られていなかったのとよく似ている。

零戦には高水準の性能が求められた。そして、完成したものは速力、航続力、上昇力、空戦能力、どれをとっても当時の戦闘機の性能を凌駕していた。外国の技術のマネから始まった航空機の技術が、零戦で外国の技術をしのぐ「作品」をつくり上げたのである。

零戦が実戦に配備されるようになると、その技術が米国などに知られるのを恐れ、戦闘などで不時着した場合は機体を破壊するよう、パイロットに指示していた。それだけ技術の流出に敏感になっていたのである。

しかし、第2次大戦初期に活躍した零戦も、アメリカが「打倒」零戦を狙って投入した「F6Fヘルキャット」などに苦戦するようになってきた。ところが、日本海軍は零戦にしがみついてしまった。

あまりにも零戦の性能が優れていたために、マネジメントをする軍部の首脳が新しい戦闘機を生みだすのではなく、零戦の改良で終戦までの5年間（零戦が日華事変に投入されてから終戦までの期間）を戦ってしまった。第2次大戦は飛行機の技術が大幅に進歩したときである。零戦がいかに優れていようとも、5年間王者として君臨するのは難しい。

零戦は、敵に驚愕をもって迎えられた戦闘機である。それをつくり上げたのが、当時発展途上国だった日本の「地上の星」たちである。零戦のすばらしさは、日本の技術者のすばらしさである。これをひとりでも多くの人に知ってもらえれば、望外の喜びである。

なお、本書は11年ぶりに改版出版されるもので、一部データなどには手を加えている。

2006年7月（新装改版にあたって）

渡部真一

「零戦」99の謎◉目次

第２章 「零戦」攻撃力の謎

第3章「零戦」防御力の謎

第4章 「零戦」パイロットの謎

第5章 「零戦」戦いの謎

イラスト・中村清史
末永士朗
写真提供・光人社

■参考文献

零戦(堀越二郎、奥宮正武)、軍用機メカ・シリーズ5/零戦(光人社)、エアロ・ディテール7/三菱零式戦闘機(大日本絵画)、大空のサムライ(坂井三郎)、零式戦闘機(柳田邦男)、あゝ零戦一代(横山保)、最後の零戦(白浜芳次郎)、蒼空の器(豊田穣)、あゝ厚木航空隊(相良俊輔)、還って来た紫電改(宮崎勇)、飛行機メカニズム図鑑(出射忠明)、軍用機メカ・シリーズ8/P―51ムスタング・P―47サンダーボルト(光人社)、軍用機メカ・シリーズ9/F―4Uコルセア・F―4Fヘルキャット(光人社)、写真集ドイツの軍用機(光人社)、日本陸軍機全集(文林堂)、世界の傑作機№14/ボーイングB―17、№17/陸軍3式戦闘機「飛燕」、№39/カーチスP―40ウォーホーク(文林堂)、第二次大戦アメリカ戦闘機(光文社文庫)、ハイテクからくり図鑑(文春文庫ビジュアル版)、「歴史群像」太平洋戦史シリーズ①~⑤(学習研究社)、航空情報別冊「日本海軍戦闘機隊」/「日本陸軍戦闘機隊」、日本航空機総集「三菱編」「中島編」「川崎編」「愛知・空技廠編」「川西・広廠編」(出版協同社)、みつびし飛行機物語(松岡久光)、零戦の秘術(加藤寛一郎)

なお、三菱重工業名古屋航空宇宙システム製作所史料室長・岡野允俊氏には貴重な資料を拝見させていただいたことをとくに付しておく。

第1章　「零戦」開発の謎

大平洋戦争を戦いぬいた零戦（一一型）の英姿

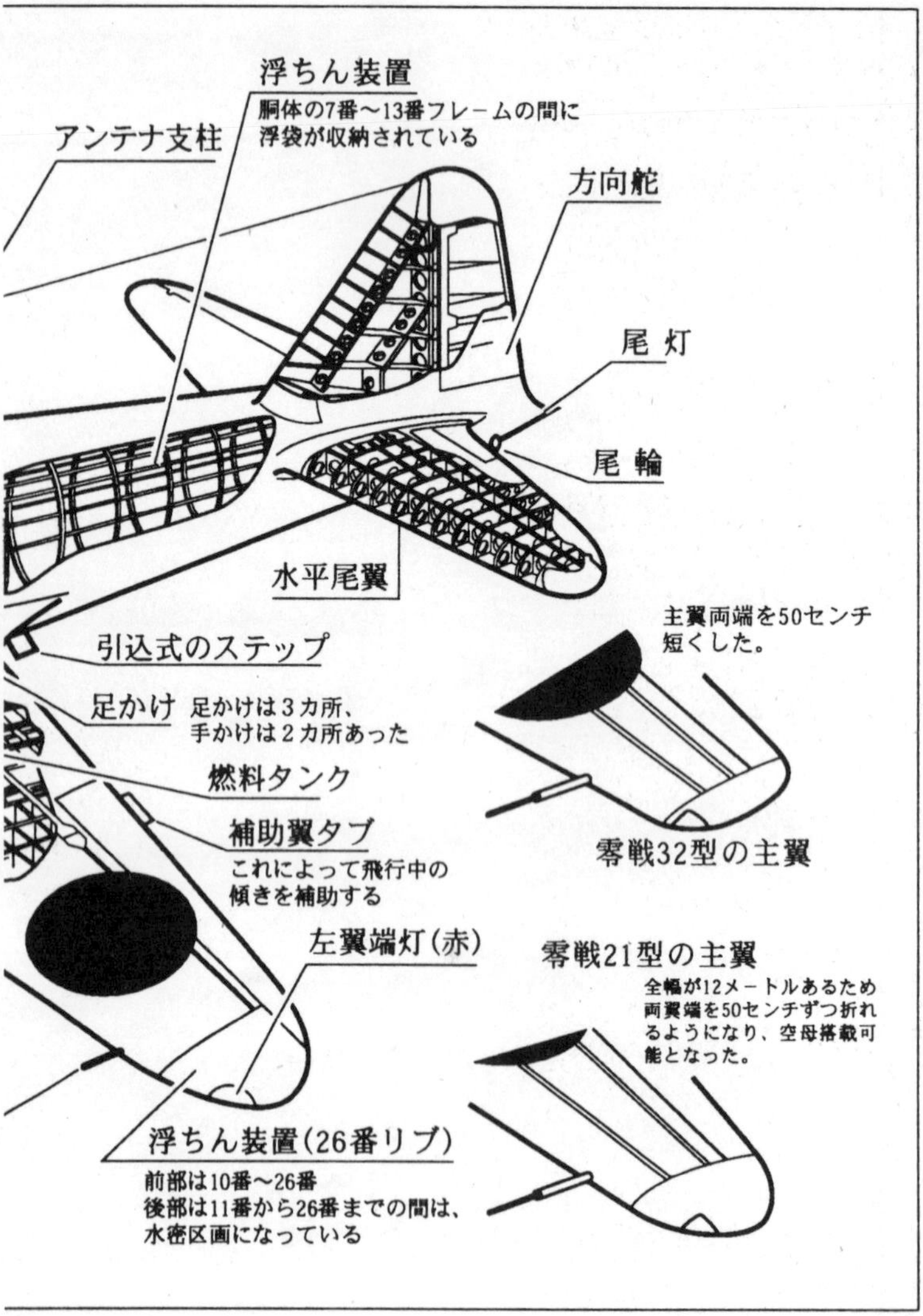
浮ちん装置
胴体の7番～13番フレームの間に
浮袋が収納されている
アンテナ支柱
方向舵
尾灯
尾輪
水平尾翼
主翼両端を50センチ
短くした。
引込式のステップ
足かけ
足かけは3カ所、
手かけは2カ所あった
燃料タンク
補助翼タブ
これによって飛行中の
傾きを補助する
零戦32型の主翼
左翼端灯(赤)
零戦21型の主翼
全幅が12メートルあるため
両翼端を50センチずつ折れ
るようになり、空母搭載可
能となった。
浮ちん装置(26番リブ)
前部は10番～26番
後部は11番から26番までの間は、
水密区画になっている

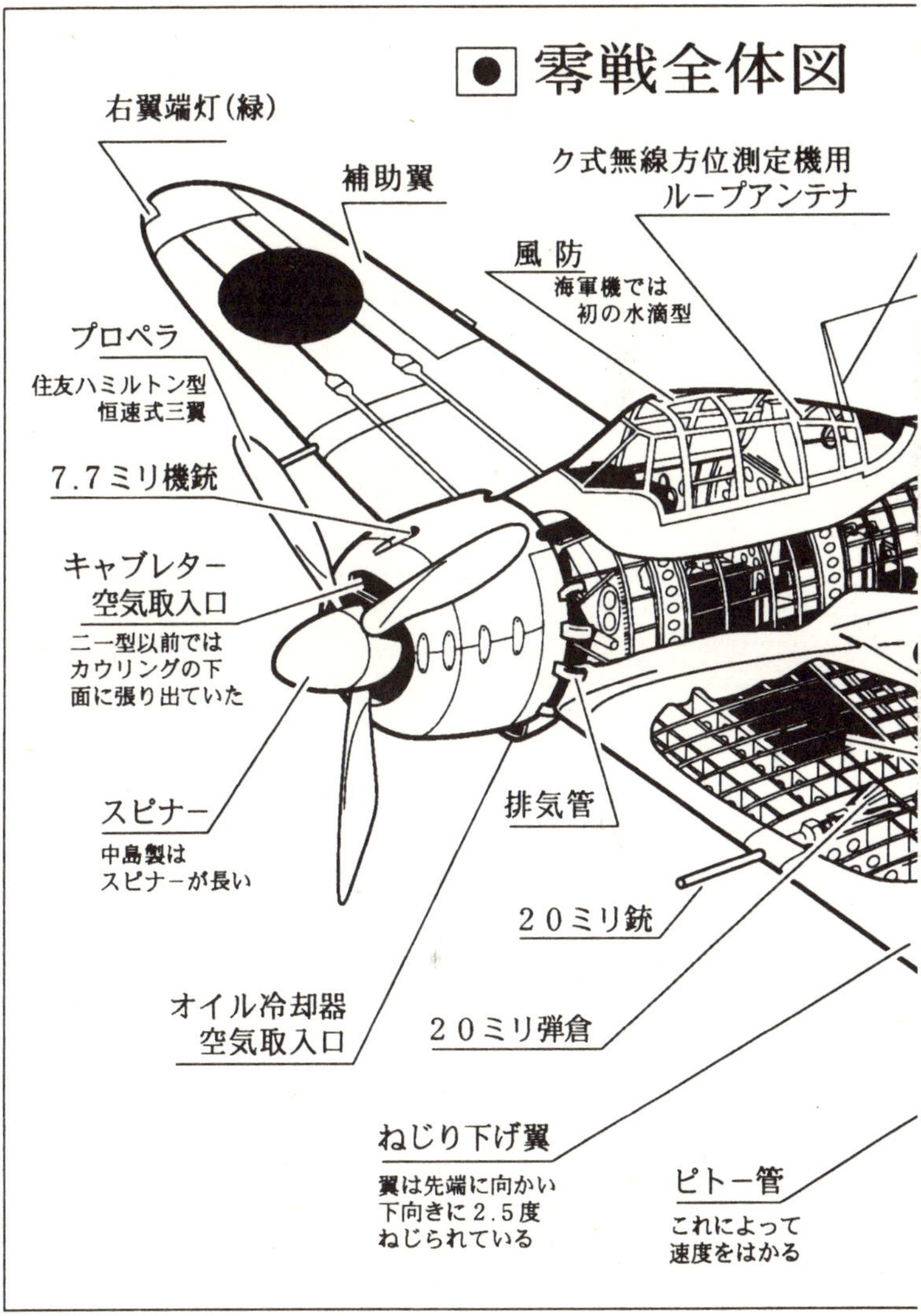
●零戦全体図
右翼端灯(緑)
補助翼
ク式無線方位測定機用
ループアンテナ
風防
海軍機では
初の水滴型
プロペラ
住友ハミルトン型
恒速式三翼
7.7ミリ機銃
キャブレター
空気取入口
二一型以前では
カウリングの下
面に張り出ていた
スピナー
中島製は
スピナーが長い
排気管
20ミリ銃
オイル冷却器
空気取入口
20ミリ弾倉
ねじり下げ翼
翼は先端に向かい
下向きに2.5度
ねじられている
ピトー管
これによって
速度をはかる

1　なぜ「零戦」と名づけられたのか？

零戦は、じつはゼロ戦と読むのではなく、零（れい）戦が正しい読み方なのだ。

軍では、武器などを制式採用するときには、日本の紀元の下２ケタをとって○○式高角砲という具合に名前をつけていた。零戦と同じ艦上戦闘機（艦戦）でも、紀元２５９６年（昭和11年）に制式採用されたのは96式艦上戦闘機と呼ばれている。

零戦は、紀元２６００年（昭和15年）に制式化されたので、最後の数字をとって、零（れい）式艦上戦闘機と名づけられたのである。したがって、戦争中は敵性語を使わないというばかげた考えもあって、零（れい）戦、または零（れい）式戦と呼ばれたのである。

しかし、そのころの飛行機の場合、「隼《はやぶさ》」「鍾馗《しょうき》」「疾風《はやて》」「飛龍《ひりゅう》」など、いわゆるペットネームがついている。これらはいずれも陸軍機だけだが、海軍機でも「雷電《らいでん》」「烈風《れっぷう》」「彩雲《さいうん》」など、○○式艦上戦闘機、××式陸上攻撃機という表記だけではない。ペットネームが使われているのだ。

ペットネームは陸軍のほうが先に採用した。零戦が制式化された翌年の昭和16年（紀元２６０１年）には、一式戦闘機を「隼」と名づけている。海軍が不粋な数字の呼び方からペットネームを採用するようにしたのは、昭和18年からのことだ。

理由は、「防諜」のため。〇〇式と呼んでいると、日本軍がいつ制式化したものなのかが簡単にわかってしまう。とくに飛行機の進歩は速い。昭和20年にもなって、96式艦戦が第一線にでてくるようだと、日本軍の飛行機の製造技術などの実情が敵にわかってしまう。そうしたことを避けるために、ペットネームをつけるようになったのである。

零戦はそうした方針の変更に間に合わなかったため、戦争中は「零（れい）戦」と呼ばれつづけてきたというわけだ。もし、その前からペットネームをつけることになっていたとしたら、これほど零戦は人々から愛されただろうか。

戦後になって、アメリカ軍など連合国側では「零戦」を「ゼロ・ファイター」といって恐れていたことを知ったこと、もう英語が敵性語だから使わないなどということがなくなったことなどから、いつのまにか「零戦」が「ゼロ戦」と呼ばれるようになってしまった。だから、「ゼロ戦」ということばは戦後できた愛称なのである。

戦争中にゼロ・ファイターといって敵に恐れられたのは、飛行機自体の性能もだが、それを自在に操るパイロットの腕に感服してのことばである。彼らは零戦をコードネームでは「ＺＥＫＥ（ジーク）」と呼び、主翼の先を切った三二型は「ＨＡＭＰ（ハンプ）」といってほかのゼロ戦とは区別していた。

2 零戦の1号機が完成したのはいつか?

超ジュラルミンを使ったわが国初のオール金属製の96式艦上戦闘機が、三菱重工名古屋航空機製作所で設計・製作され、名機との評判をとりつつあったころ、海軍はポスト96艦戦として、より高度な性能をもつ艦上戦闘機の計画を練っていた。それがのちの零戦、12試艦上戦闘機である。

飛行機、とりわけ海軍機の場合は、いくつかの会社に競争させて、優れているほうを制式化してきた。制式化したときは、その年の紀元から下2ケタをとって××式陸上爆撃機などと名前をつけていたが、新しい飛行機をつくるときは、必要なスペックを航空機製造会社に提示して、その性能を満たす飛行機をつくるよう計画したときの昭和の年号をとって△△試○○と呼んでいた。「試」とつくのは、もちろん試作機の意味である。12試ということは、昭和12年の試作計画に組み込まれているということである。

12試艦戦については、三菱と中島飛行機(現・富士重工)の競争試作になった。昭和11年の5月には12試艦戦の素案が提示され、それから約半年後の10月には「12試艦上戦闘機計画要求書」が軍から示された。

計画要求書の内容は次のようなものだった。

1　最大速度は高度４０００メートルで２７０ノット（時速５００キロメートル）以上
2　上昇力は高度３０００メートルまで３分30秒以内
3　航続力は正規状態全力で１・２時間以上、過々重時（増設燃料タンク装備）には全力で１・５時間（この結果、約５００カイリ進出して30分の空戦が可能なこと）
4　空戦性能は96式２号艦戦１型に劣らないこと
5　離着陸は容易であること。離陸滑走距離は風速毎秒12メートルのとき70メートル以下で、着陸速度は50ノット以下
6　武装は20ミリ機銃２門、７・７ミリ機銃２門
7　艤装はク式空３号無線、方位帰投装置、96式１号無線電話機など、盛り沢山

スピードはこれまで例を見ない時速５００キロメートル以上の高速性能を達成し、これと相反する運動性能も確保しろという、当時としてはいわばオールマイティの戦闘機をつくれといわれたのである。

ほぼ同時期につくられたイギリスのスピットファイアーとくらべると、最大速度はスピットファイアーが３２５ノット（６００キロメートル）と圧倒的に速かったが、運動性能は零戦に劣り、第２次世界大戦初期にはビルマ方面で零戦に勝てなかった。スピードと運動

性能を両立させることの難しさが、このことからもわかると思う。

余談になるが、欧米の飛行機の性能については、日本で輸入して実験してみると、スペックどおりの性能がでなかったことが多く、性能を過大に表記していたといわれている。だから、日本軍は外国機の性能については5～10％程度割り引いて見ていた。もちろんこれは、欧米と日本のガソリンのオクタン価のちがいもあるが、スピットファイアーの最大速度をそのモノサシではかると、せいぜい550キロメートル程度というところだろうか。

12試艦戦の競争試作では、三菱は当時34歳と働き盛りの堀越二郎氏を設計主務者にたて、約30人からなる設計チームを編成した。中島は途中で脱落、実質は三菱の単独試作の形になった。計画要求書のとおりのものをつくるとなると、これまでの飛行機づくりの延長線上で考えることはできずに、まったく新しい思考が求められることになる。スピードを追うと空戦性能は犠牲にしなければならない。運動性能を追うとスピードなどを犠牲にしなければならない。これを両立させなければならないのである。

このため12試艦戦では、わが国ではじめて恒速（定回転）プロペラ（→P72参照）を採用したのをはじめ、世界に先駆けてわが国の住友軽金属工業が開発した軽くて強度の強い新素材の超々ジュラルミン（→P156参照）を使うなど、新しいものにトライしている。

そして、機体の軽量化、空気抵抗の減少と操縦の安定性を狙って設計した。最大の特徴は、翼面荷重を世界の趨勢《すうせい》よりも思いきって小さくし、1平方メートル当たり100キログラムを目標にしたことである。翼面荷重が小さいということは機体にくらべて翼が大きいということだから、重量の軽減には不利になる。また、急降下速度も遅くなる。

しかし、海軍の要求はスピードと運動性能を両立させることが上位にあったので、この方針で設計を進めていった。ただ、重量の軽減には気を使い、1グラム単位で減らす工夫をしていた。航続距離をのばすために、のちのゼロ戦の象徴ともいえる流線型の落下増槽を採用している。

12試艦戦の計画要求書がだされてから半年後の昭和13年4月、名古屋航空機製作所で実物大の模型である木型審査が行なわれた。いまならさしずめクレイ（粘土）モデルだ。図面やパースだけからはわからない機体の大きさなどがこれによって実感できるのだ。審査の結果は好評で、これにそって設計が進められることになった。

それからほぼ1年後の昭和14年3月16日、1号機が完成した。18日には初の地上運転が行なわれ、エンジンや諸計器、プロペラなどすべて好調だった。4月1日からは場所を各務原に移して試験が行なわれた。地上滑走試験などが行なわれたのち、三菱のテストパイロット志摩勝三操縦士によって、高度約10メートルで一直線に500メートルほど飛んだ。零戦の名前はまだないが、ここに前身の12試艦戦の初飛行が成功したのである。

3 零戦の大きさは何台ぶんの駐車場になるのか？

零戦の大きさは、型式によってちがっている。

12試艦戦としてはじめてお目見得したときは、全幅が12メートル、全長が8・79メートルだった。

ある意味では、零戦を誕生させるエポックメーキング的な飛行機になった96式艦戦は、全幅が11メートル、全長が7・67メートルだったから、はじめて等身大の木型模型を見た人は、実際は全長、全幅とも1メートルほどしか大きくないのだが、12試艦戦はかなり大きく見えたという。

しかしその後、じっくりと機体を観察した結果、スピード感と軽快さのあるデザインに「非常に格好のいい飛行機だ」と、評価されて三菱の担当者はホッとした。つくったほうからすれば、厳しい性能要求書に見合うように設計・製作したのである。「大きい」だけで評価されてはたまらないだろう。

けれどもパイロットたち、とくに戦闘機乗りは、飛行機を自分の手足のように扱わなくてはならないものだから、機体の大きさは気になったようだ。96式艦戦が小さくて高性能だったから、なおさら「大きい」とのことばがでたのだろう。

レクサスブランドが日本に登場したが、相変わらず売れ行きが好調なトヨタブランドの高級車クラウンロイヤルの全長は4840ミリ、全幅は1780ミリである。一方、コンパクトなハイブリッドカーのプリウスは全長4445ミリ、全幅1725ミリと、長さで395ミリ、幅では55ミリしか違わない。だが、寸法以上に大きさが違って見える。

とくに幅はそれほどちがわないのに、狭い一方通行の道で、プリウスがとおるのはまだ許せるが、クラウンロイヤルがこようものなら「大きいクルマが狭い道をとおるな」と文句のひとつもいいたくなる。心の狭い自分が情けなくもないが、人間の感情なんてこんなものだと開き直ることにしている。

それはさておき、零戦の大きさは一一型、二一型、二二型は全幅が12メートル、全長は一一型と二一型は9・05メートルだが、二二型はそれより1センチ長い9・06メートルである。

ところが、三二型、そして五二型以降は全幅が11メートルと、そのまま空母に搭載できるように1メートル短くなっている。それが、全長は三二型が9・06メートル、五二型以降は9・121メートルと、逆に若干長くなっている。

このサイズは当時(昭和15年)の世界の戦闘機をくらべてみると、アメリカ軍のF4Fワイルドキャット戦闘機は、全幅が11・6メートル、全長が8・8メートル。メッサーシュミットMe109が全幅9・9メートル、全長8・7メートルである。零戦の一一型、二一型、二二型のほうが全幅、全長ともにわずかに大きいだけである。むしろ、三二型、五二型以降では全幅11メートルだから、ワイルドキャットよりも全幅は小さくなる。けっして零戦が飛びぬけて大きかったわけではない。

大きさだけ比較しても、実体が浮かんでこないので、街でよく見かける駐車場とくらべてみよう。駐車場といってもいろいろあるが、マンションなどの集合住宅をたてるときには駐車場をつける義務があって、その寸法は建築基準法で、横幅2・5メートル、奥行6メートルと決められている。

零戦は最大幅でも12メートルだから、奥行6メートルの駐車場を縦に2つあわせるとちょうど幅はおさまる。長さはもっとも短くて9メートル強だから、横幅2・5メートルの駐車場が4つあれば間に合う。零戦の幅を考えると、駐車場8台分におさまる計算になる。

では、高さはどうだろうか。全高は、前輪を地面に着けて機体を水平時にしたときが3・509メートルである。それが、前輪と尾輪を着地させた3点支持になると3・593メートルになる。水平時と3点支持ときは約12〜13度の角度があるので、3点支持のときは前のほうがあがる。前にはプロペラがついている。水平時は地面と直角だったプロペラが、

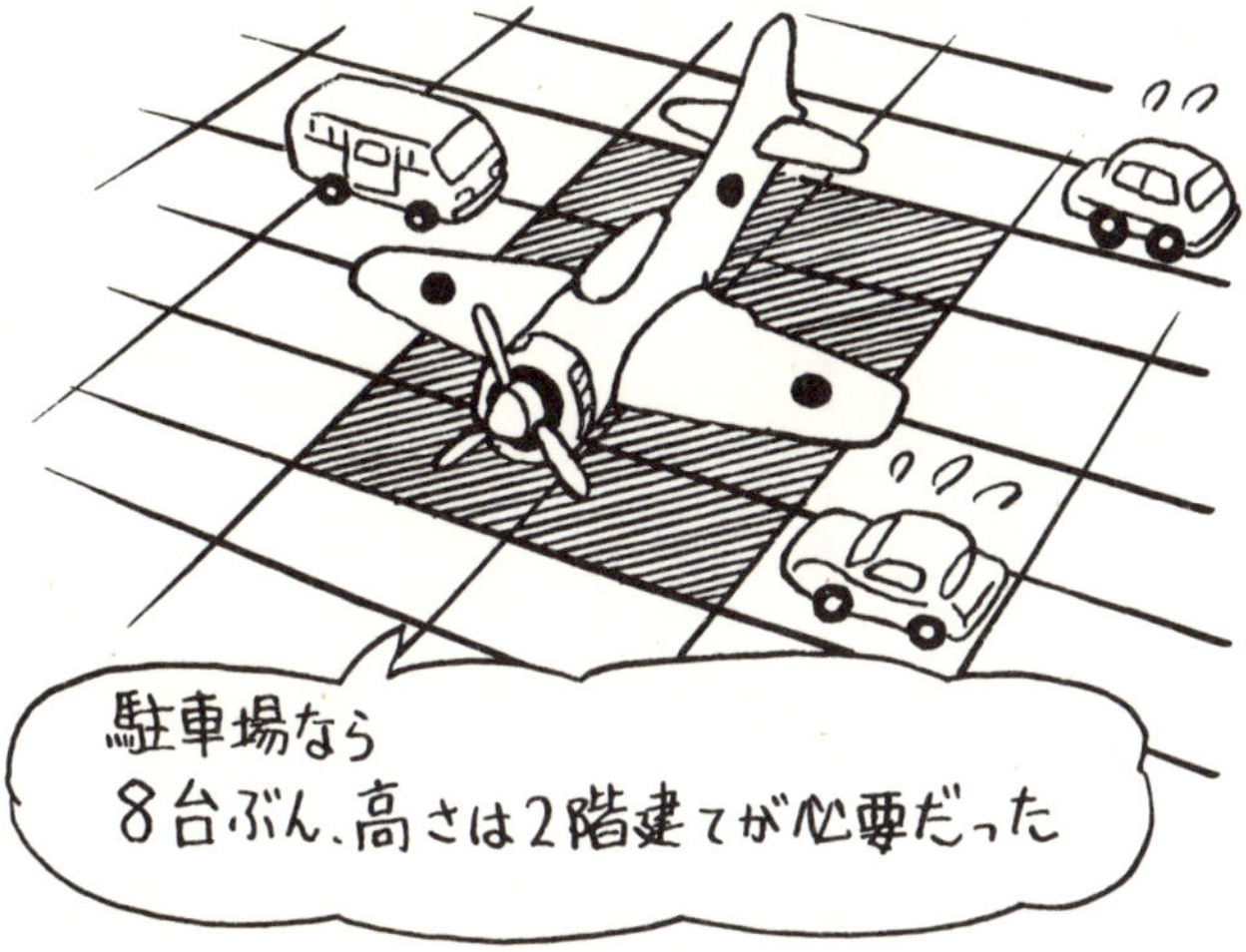
駐車場なら
8台ぶん、高さは2階建てが必要だった

零の前があがったぶんだけ、プロペラも上にあがる。必然的に高くなるわけだ。

零戦を収納するには少なくとも3・6メートルの天井がなければならない。

これを普通の家にたとえてみよう。

家やマンションなどを設計する場合、居室の天井の高さは2・1メートル以上でなければならないと、これも建築基準法で決められている。一般には2・4〜2・5メートルで設計することが多いようだ。

この基準にあわせて平屋の設計をすると、屋根の形にもよるが、2・7メートルが最低で、山形に設計すると3メートルを基準とするのが一般的だという。とすると、残念ながら零戦は平屋建てに収納することはできない。2階建てでなければ無理のようだ。

4 零戦の重さはディープインパクト何頭ぶんか?

零戦は、海軍の厳しい要求をできるだけ実現できるように設計したが、どうしても両立しにくいのがスピードと戦闘能力である。スピードを追求していくと、抵抗を少しでも減らすために翼は小さいほうがよい。ところが、空戦で旋回性能をよくする、離着陸の際の滑走距離を短くするには、翼の面積は大きいほうが有利である。

これをできるだけ両立するために、翼を大きくする一方で、軽量化と空力抵抗を減らすことに取り組んだ。軽量化は1グラム単位で行なった。

それを的確にあらわしているのが、機体部材の強度規定を変えてしまったこと。そのころの軍用機の強度は、予測を超えた大きな力が加わった場合の安全を考慮に入れて、1・8倍までの力に耐えなければならないとされていた。現在の規定は1・5倍だから、かなり大きな安全率を見込んでいたことになる。

堀越技師は、1・8倍以上の力を加えたら、どこでも壊れてしまうだろうが、部材によっては1・8倍もの強度は必要ないと判断し、機体の部品の細長いものによっては1・6の強度でもよいと考えた。だからといって軍用機である。勝手につくってしまうことはできない。航空廠の技術者に相談して、「理解」してもらった。

この結果、12試艦戦の機体本体の自重は1652キログラムと、ほぼ同じ大きさの陸軍機（97司偵）と比較すると、20％も重量を減らすことができた。このため、燃料や機銃、弾丸など、戦闘機として必要なものをすべて搭載した全備重量で、1号機は2331キログラムと、当初の計算より、わずかに127・2キログラム増えただけだった。

全備重量は、零戦一一型では12試艦戦よりわずかに増えて、2339キログラムだった。ところが、主翼の両端を切った三二型になると、主翼を切り落としたぶんの重量の減少よりも、エンジンを換えたぶん重くなって、2644キログラムになった。量産機で最終型の五二丙型になると、3150キログラムと、一一型より35％も増えてしまった。

それでも、アメリカのF4Fワイルドキャットの重量は3615キログラムだから、まだ零戦のほうが軽い。戦争後期に登場したF6Fヘルキャットの重量はF4Fの5割増しもあるから、零戦三二型の2倍以上もある。

話は変わって、2005年の三冠馬（皐月賞、ダービー、菊花賞）は不世出といわれるディープインパクト。人気もすごく高く、漫画にもなっている。このディープインパクトの馬体重は444キログラム（菊花賞優勝時）。開戦直後に活躍した零戦三二型の全備重量は2644キログラムだから、ディープインパクト6頭分に相当する。

5 機体のフレームに穴が開いているのはなぜ？

零戦の外装を一皮めくれば、胴体や翼の内部構造が見える。

たとえば、胴体を縦に貫いている部材のストリンガーはともかくも、これを円形にささえているフレームには、配線をとおすわけでもないのにあちこちに穴が開いている。大きい穴、小さい穴、さまざまな穴が開いている。主翼や尾翼の骨組みでも、肋材（リブ）は同じ状態だ。

それだけではない。操縦席を見ると、シートの背もたれや操縦室内の補強材にも穴が開けられている。見えないところ、あるいは見えてもいいところ、あらゆるところに穴が開けられている（↓P14参照）。

フレームに使われた超々ジュラルミンのH型の部材は、そのままの状態で円型に加工したら、必要な強度を大きく上回る頑丈な飛行機ができる。しかし、過剰な強度は必要としない。ある一定の力がかかるまで持ちこたえられればよいのである。工業製品というのは、そういうものである。飛行機だって例外ではない。

それに、すでにのべているように、12試艦戦（零戦）に求められた性能要求は厳しいものがあった。それをできるだけ満たすためには、機体を1グラムでも軽くしなければならない。強度と軽量化を両立させるために、軽くて強い超々ジュラルミンという先端素材を使った。

超々ジュラルミンは強度がそれまでの超ジュラルミンよりも33％も強い。それだけ部材を小さくしてもよい計算になる。一方、小さくできないところもある。そこは必要強度を確保したうえで、丸い穴を空けて、そのぶんだけ重さを減らしたのである。だから、胴体のフレームや翼のリブにはいたるところに穴が開いている。

部材の設計者は、出来上がった図面を設計主任の堀越技師のところにもっていくと、「この穴はもう少し大きくできないか」「この部分にもうひとつ穴を空けられないか」といわれたという。設計者はこんなところに穴を開けても1グラムくらい減るだけなのにと思っても、堀越技師はその1グラムをどう減らすか、常に考えていたのである。

設計変更をすると、強度の計算をやり直さなければならない。大雑把にここに穴を空けてしまえというわけにはいかないのだ。当時は、もちろんコンピュータなどはない。計算は手動式の計算機と計算尺を使っていた。計算尺は、慣れてしまえばいまの電卓よりも利用価値はあるとはいえ、たいへんな作業である。零戦のフレームやリブの穴は、一つひとつが計算によって開けられたものなのである。

6　主翼の大きさは畳何枚ぶんか?

零戦は一一型、二一型、二二型と、三二型、五二型以降では翼の長さと形がちがっている。一一型から二二型までは全幅が12メートルで、それ以外は11メートルである。なおかつ、三二型は主翼の形がほかの零戦とちがっている。だから、主翼の面積も3種類あることになる。

主翼の面積は、一一型から二二型まで22・44平方メートル、三二型が21・53平方メートル、五二型以降は21・30平方メートルだった。見た目はそんなにあるとは思えないのだが、畳に換算すると、一一型で13・6畳、三二型で13・0畳、五二型で12・9畳ある。

この大きさは、ユニットバスに小さなキッチンのついた、独身者に人気のワンルームマンション並みの面積で、逆にいえば、ワンルームで暮らすことは、零戦の翼の面積の範囲内に住んでいることにもなるわけで、ちょっとわびしい気にもなる。

飛行機の主翼の大きさは、飛行機の性能を大きく左右する。飛行機全体の重さを主翼の面積で割ったものを「翼面荷重」という。翼1平方メートル当たりで何キログラムの重さを背負っているかという数字である。この数字が低いほど、運動性能はすぐれている。

マッハを超すようなスピードで直線的に飛ぶ場合は、翼は小さいほうが空気抵抗も少なくてすむ。極端にいえば、高速になれば翼はいらない。トーネードのように、離着陸時は翼を広げるが、高速での飛行時は翼を小さくするジェット戦闘機もあったほどなのだ。

プロペラ機のだせるスピードでは、翼の面積が問題になる。この面積ですべての重さをささえて空中に浮いているからだ。「ジェット機にのるよりはプロペラ機のほうが安全だよ」と、よくいわれている。これは翼面荷重がジェット機よりもかなり小さいため、なんらかのトラブルでエンジンがとまっても、ジェット機のように急に失速しないで、グライダーのように滑空することができるからでもある。したがって、この翼面荷重が軽いほど旋回などの運動性能はよい。

この点からすると、複葉機のほうがスピードは出ないが、運動性能はよい。たとえば、中島が製造した複葉機（95式艦戦）は翼面荷重は約54キログラムしかない。だから、複葉機から単葉機に変わることには難色を示したパイロットもいたという、ウソのような本当の話が残っている。

零戦の翼面荷重は一一型で107キログラム、ハリケーン125、スピットファイアー136、P－37などは126キロだから、零戦の軽さが目を引く。

7 零戦は胴体を2つに分割できた⁉

零戦はさまざまな新機軸を打ち出してつくった戦闘機だが、ほかの飛行機のよい点を大胆に取り入れた飛行機でもある。そのひとつが、主翼全体とコクピットを含む胴体の前のほうと、胴体のうしろのほうを別々につくり、着脱式にしたことである。96式艦戦は全体をひとつとしてつくっていたので、三菱としては、はじめてのチャレンジであった。

これを最初に採用したのは、中島飛行機の陸軍97式戦闘機である。貨車で輸送ができるようになるばかりでなく、重量の軽減ができる、組立が簡単にできるので生産性があがる、現地での部品の交換や整備が楽であるなど、進歩的な発想による設計だった。中島を代表する「隼」もこの方式でつくられている。

零戦もこれを採用して、大きく分けると、エンジン、主翼、胴体後部の3つに分けてつくられた。零戦がはじめてアメリカ軍によって、完全に近い形で発見されたのち、実証テストが行なわれ、最後には分解されて各部の強度試験まで行なわれた。

そのときに高く評価されたのは、この分割による組立方式である。戦後になってジェット機が主流になると、多くのものがこの方式で製造されるようになった。

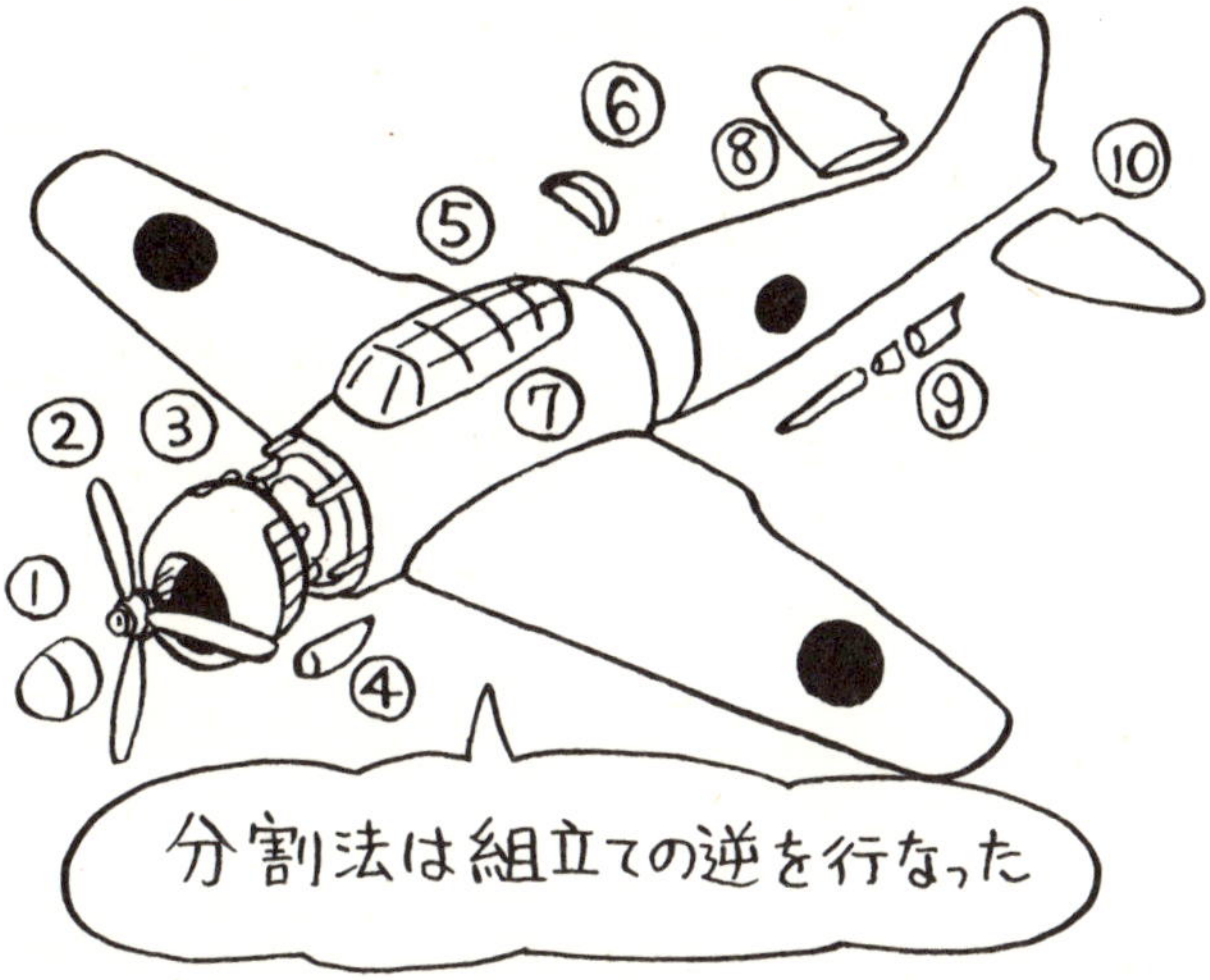

いまでは、旅客機などはいくつかのパートに分けてつくり、最後にひとつの機体にすることは誰でもが知っている。

たとえば、ジャンボは胴体だけでも7つのパートからできている。それも、ボーイング社がすべてつくるのではなく、胴体のある部分は日本のメーカーがつくっていたりして、国際的な分業が進んでいる。

全体をいくつかのパートに分けてつくり、それでひとつの飛行機をつくるという発想は、日本人が考えたのである。

中島にとって惜しむらくは、それが97式戦闘機で知られたのではなく、零戦という、生産はてがけたものの、設計は三菱が担当した飛行機であったことは、複雑な気持ちだっただろう。

8　水上機に変身した零戦があった？

　昭和15年、海軍は南方作戦を遂行するにあたって、性能のすぐれた水上戦闘機を採用することにした。南方の島々に飛行場をつくる技術力がなかったからだ。そのため、海からそのまま飛び立てる水上機の開発を川西飛行機に命じた。15試水上戦闘機（N1K1＝のちの強風）である。この水上戦闘機が実用化されるまで相当な時間がかかる。その間のつなぎとして、零戦を水上機化することにしたのだった。

　16年のはじめに、1号水上戦闘機の仮称で、零戦の水上機型の開発を決めた。命じられたのは、零戦を開発した三菱ではなく、中島だった。水上機の設計製作に経験が深く、零戦の生産もてがけていたので、海軍としては都合がよかったのだ。

　中島では、零戦一一型の機体にフロートをつけることにした。

　主脚や尾輪などの陸上降着装置はいらなくなるのですべてとり除き、コックピットからもこれらに関する装置などを外して、機体を軽くした。胴体の下に単フロートをつけ、両翼の下には補助フロートをつけた。支柱は中島の自信作で、空気抵抗の少ない新しい方式を採用している。フロートをつけたことによって、水上機としての安定を図るため、垂直尾翼の面積を大きくし、方向舵を下まで延長した。

試作1号機は16年末までに完成し、試験飛行も第2次大戦開戦の日に開始された。さまざまな実験もスピーディに行なわれ、翌17年7月には正式採用が決まり、2式水上戦闘機（A6M2―N）となった。型式番号を見ると、零戦から生まれた飛行機であることはすぐにわかる。しかし、水上機として開発したこともあって、「零（れい）式」の名前は使われなかった。海軍には三菱製の水上機「零（れい）式観測機」があったので、あえて零（れい）式を使わなかったのかもしれない。だが零戦がベースだったので、〝下駄ばき零戦〟と呼ばれた。

もともとが零戦だから、運動性能はよい。全備重量2460キログラムで、最大速度は235ノット（435キロメートル）、上昇時間は5000メートルまで6分43秒、実用上昇限度9760メートル、航続力は過荷重状態で962カイリ（1782キロメートル）もある。兵装も胴体に7・7ミリ機銃2挺を備え、主翼には20ミリ機銃2挺と、零戦と同じだった。

アリューシャン列島やソロモン群島方面などで、飛行場を建設するまでの防空戦闘機として、または偵察に、ときには輸送船団の護衛機として活躍したばかりでなく、ソロモン方面では実戦にも参加している。水上戦闘機という新しいカテゴリーのなかで、傑出した機体である。連合軍のコードネームは「Rufe」。

9 零戦は1人乗りなのに2人乗りもある!?

飛行機の初級練習から中級練習課程を終えたパイロットのタマゴが、実用戦闘機への転換訓練をスムーズ行なうため、昭和17年に大村の第21航空廠で零戦二一型をベースにした複座の練習機の改造設計を行なった。

17試練習用戦闘機の名前で計画されたこの練習機は、18年に試作1号機が完成した。二一型がベースといっても、空母に搭載することはないのだから、翼端の折りたたみ機構は廃止され、操縦席のうしろに複操縦装置つきの後席が追加された。これにともない、風防も大きくなり、前席は開放式、後席のみ開閉式の風防だった。無理やり複座にしたため、風防が変に後ろまでのび、スマートな零戦とはまったくの別物という感じを受ける。

練習機だから、尾輪は大型になって固定式とし、主脚は車輪カバーも省略された。翼内の20ミリ機銃は積まず、胴体の7・7ミリ機銃だけが搭載されていた。

計器類は、前席にも後席にもあり、複操縦式なのでどちらからも操縦ができた。前席に練習生が乗り込み、後席に乗った教官の指示にしたがって操縦訓練を行なった。

全長や全幅などは二一型と変わらないが、自重は139キログラム増えて1819キログラムに、全備重量は逆に76キログラム減って2334キログラムになった。最高速度も少し遅くなったとはいえ、高度4000メートルで257ノット（476キロメートル）と、96式艦戦よりはずっと速い。実力は零戦ゆずりというわけだ。

制式採用になったのが、19年3月。17年（紀元2602年）に制式採用された下駄ばき零戦が「2式水上戦闘機」となったのだから、その方式で名称をつけるなら、19年は紀元2604年だから「4式練習用戦闘機」となるはずだ。ところが、「零（れい）式練習用戦闘機一一型（A6M2―K）」と名づけられた。したがって、これは立派な零戦なのに、下駄ばき零戦は正確には零戦ではないのである。実際に戦地で戦った2式水上戦闘機こそ、零戦の名をつけたかったと思う人は多いのではないだろうか。

このあと、零戦五二型を複座化した零式練習用戦闘機二二型の改造設計と試作が行なわれた。20年はじめに試作機2機が完成し、3月に正式採用になった。ところが、生産準備中に終戦となってしまった。

こうした本格的な複座化とは別に、ラバウル基地では破損機の部品を集めて複座の零戦をつくり、偵察機としていた。工場とちがって、基地の整備場には設備も不足していたはずである。そんななかで、零（れい）式艦戦「ラバウル型」をつくってしまうのだから、すばらしい整備の技術である。東京・上野の国立科学博物館で実物を見ることができる。

10 テスト飛行に「牛車」が使われた？

零戦1号機（当時はまだ12試艦戦）が完成して、いよいよテスト飛行が行なわれることになった。昭和14年4月1日が初飛行の日と決まった。三菱・名古屋航空機製作所のそばにはテスト飛行ができるような飛行場がない。そこで、飛行機を約40キロメートルほど離れた各務原まで送ることになった。

なにも三菱に限ったことではない。わが国では当時、飛行機製造工場に隣接して飛行場があるというのはめずらしいことだった。わずかに川崎航空機の岐阜工場と立川航空機の立川工場の2つだけだった。これでは試作機を自由に飛ばしてテストすることもできない。わが国の近代航空機生産にとってはマイナス材料だった。

話は変わるが、ボーイング社の工場は、アメリカのワシントン州・シアトルにある。その近くに国際空港のシアトル・タコマ空港があるが、ボーイング社はその滑走路よりも長い滑走路をもっている。敷地も空港よりかなり広い。試作機や出来上がったジャンボジェット機のテスト飛行は自社の滑走路を使って自由にできるのだ。こうした環境がすぐれた飛行機を生むことになる。

戦前の日本はそういう環境になかった。しかし、やはりそれではダメだということで、その後は飛行場も整備されていき、中島の小泉、川崎の明石、川西の鳴尾、三菱の名古屋・水島など、12工場で隣接飛行場をもつようになった。

零戦1号機は、各務原まで陸路を送られた。しかし、トラックの荷台や貨物車に乗せて運ばれたのではない。なんと、牛車に引かれて運ばれたのだ。そのまま運ぶことはできないので、主翼と胴体のうしろ半分は分割して運び、各務原で組み立てた。なぜ牛車かというと、ゆれや衝撃が少ないからである。それも交通量の少ない夜間に運ぶのである。最先端の技術を満載した飛行機が牛車に引かれている姿を想像してみるだけでおかしい。

11 零戦の燃料は乗用車何台ぶんか？

零戦は航続力が正規状態で、高度3000メートル、公称馬力で1・2〜1・5時間飛べることが求められた。要するに、フル出力で1時間以上は飛べなければならないわけだ。フル出力で飛ぶのは戦闘時である。燃料もかなり必要になる。通常、戦闘は長くても30分以内に終わってしまう。巡航速度では同じ燃料でもこの3倍くらいは飛べる。

零戦の用途は、敵の近くまで空母で移動して、そこから飛び立って攻撃するよりも、航続距離を長くして、遠くの基地から敵地まで移動して攻撃することを意図していたように思える。だから、増槽タンクをつけて、巡航距離をのばすことを考えたのだろう。

しかし、正規状態でもかなりの距離を飛ばなければならない。それに必要な燃料は積まなければならないのである。零戦は型式によって燃料が搭載できる量はちがっている。

一一型、二一型は525リットルの燃料を積んでいた。ところが、翼を切った零戦三二型になると、480リットルである。これで航続力が少なくなったため、パイロットからは悪評ふんぷんだった。このため、少しでも燃料搭載量を増やすため、後期になると片翼内のタンクを10リットルぶんずつ増やして500リットルにした。

これで航続力が飛躍的に伸びたわけでもないので、パイロットにはやはり不評だった。そこで、翼が以前と同じ12メートルに戻った二二型では、左右の外翼内にも45リットルの燃料タンクを増やした。これで570リットルになった。

翼を11メートル幅にした五二型は、二二型と同じ570リットルの燃料を確保した。それが、五二乙型になると、ブースト用の水・アルコール燃料を60リットル積みこんだぶん、500リットルと五二甲型よりも70リットルも減ってしまった。ホンダのベストセラーカーの「フィット」の燃料タンクは42リットルだから、一一型から五二型までだいたい12台ぶんの燃料を積んでいたことになる。

これにくらべると、アメリカ軍機の燃料搭載量は多い。P-40ウォーホークはもっとも多く搭載できる型式のものでも594リットルと、零戦とほぼ同じであるが、F4Uコルセアは897リットル、F6Fヘルキャットは946リットル、P-47サンダーボルトにいたっては、1022リットルも搭載できた。

アメリカ軍の飛行機は機体も重く、エンジンの出力も大きいので、燃料を多く搭載できたが、航続力は長いわけではない。たとえば、525リットルしか燃料を搭載できなかった零戦一一型の航続力は2222キロメートル。ところが、ヘルキャットは零戦の2倍近い燃料を搭載しても、航続力は1754キロメートルだから零戦より劣る。

12 増槽タンクは風呂おけ何個ぶんの量だったのか？

零戦といえば真っ先にイメージできるのは、ティアドロップ型の増槽燃料タンクを機体に抱えて空を飛ぶ姿である。落下増槽をつけた零戦が、雲海の上を飛んでいる写真や、青空をバックに編隊飛行をしている写真などを見ると、その雄姿に見入ってしまう。ティアドロップ型の落下増槽をつけたのは、零戦が日本ではじめてである。いや、世界でも落下増槽をつけた例はなかったから、世界初のことでもある。

零戦はこの落下増槽によって、当時の世界トップクラスの戦闘機、P－40やF4Fなどの3～5倍の航続距離を飛ぶことができた。技術後進国だった日本がそれほどの航続力をもつ飛行機をつくれるわけがないと、外国ではいまだに信用していない人もいるらしい。

この落下増槽は、一一型、二一型の容量は330リットルだったが、三二型、二二型、そしていわゆる五二甲型、五二乙型は10リットル減って320リットルになった。ただ、五二甲型の後期以降になると、それまでのジュラルミン製とはちがって、木製でタンクのうしろに水平に安定ヒレのついたものも使われている。落下増槽の大きさは長さが2・3メートル、直径が50センチ。木製のものは1・8メートルで直径45センチである。

五二丙型以降は、150リットル入りのタンクを主翼の下左右に2個つけるようになった。機体は重くなる、燃料搭載量は少なくなるで、五二丙型は「最低の零戦」と、うれしくないあだ名を頂戴している。

落下増槽だが、きまぐれでときどき落ちないこともあった。180ノット(333キロメートル)以上でその傾向が強かった。戦闘に入ると邪魔になるのだが、零戦の性能がよいこともあって、増槽タンクをつけたまま戦った剛の者もいたようだ。

落下増槽が落ちたかどうかは、たいていは飛行機が急に軽くなったりするのでわかる。それでも、確認のため、コックピットの下にはガラスの小窓がついていて、目で確認できるようになっていた。それだけ切りはなし技術の信頼性が低かったともいえる。

風呂好きの日本人にとって、94年夏の給水制限は厳しかった。住宅都市整備公団規格の浴槽は満水で220リットル。入るときはその8割くらいの水を使うから、約170リットル。零戦一一型は浴槽2杯分を抱えて飛んでいた。

零戦が先べんをつけた落下増槽は、日本のほかの戦闘機だけでなく、アメリカ軍の戦闘機も使うようになった。なかでもおもしろいのが、P-47サンダーボルトの増槽である。種類もいろいろあって、重戦闘機だけに283~567リットルまでのタイプがある。ユニークなのは、強化紙製の増槽があること。さすがに森林国らしい。

13 零戦の給油はどこからしたのか?

零戦は量産機だけに限れば、機体には最低でも480リットルの燃料を積んでいた(三二型)。フィットクラスの自動車、約12台ぶんの燃料が積まれていたことになる。

零戦の型式によっては、燃料を積んだ場所も量もちがっている。それでも、変わらなかったところが、主翼の付け根の部分と機首の防火壁の後方。主翼の付け根の部分は三二型の後期型では左右に220リットルも積んでいた。

主翼内の燃料タンクには、翼の上から給油した。零戦の翼が写っている白黒写真を見ると、主脚の少し内側の真ん中よりに、日の丸よりもうんと小さな黒い丸が見える。カラーでみると、これは赤く塗られているはずである。この赤い色が主翼内にある燃料タンクの注入口の表示である。ここから燃料の補給をしていたのである。機首部も注入口は同様に赤く塗られていた。燃料タンクが増えると、当然、補給口も増えていった。

増槽タンクの場合は、前方の球状になっているところの上に、燃料注入口がある。タンクを零戦の機体に取りつけたあとで、ここから給油していた。

零戦だけでなく、わが国の飛行機はエンジンに泣かされてきたと前に書いたが、ある面ではそれは正しくない。むしろ、燃料＝ガソリンに泣かされてきたというべきかもしれない。わが国では、零戦が世にでるきっかけとなった名機、96式艦戦の燃料は、オクタン価87のガソリンだった。

オクタン価とは、自動車に詳しい人なら知っているように、ノッキング（混合気の異常からエンジン内で起こる異常燃焼が原因のエンジントラブルで、クルマがドアをノックするようにガクッ、ガクッとなって止まってしまうこと）が起こらないように、ガソリンを調整するもので、低回転エンジンならばオクタン価は低くてもかまわないが、高回転エンジンなどではオクタン価の高いものを使わないと、本来の性能を引き出せない。オクタン価87は、クルマでいえば、ファミリーカーなどが入れる「レギュラーガソリン」とほぼ同じものだ。

零戦はオクタン価92のガソリンを使っていたが、これでもまだ低い。エンジンの能力を引き出すには不十分だ。そのころのアメリカ軍はオクタン価１００のガソリンを使っていたのである。

戦後、零戦にオクタン価１００のガソリンを入れて飛ばしたところ、日本軍のもっていたデータをはるかに上回る性能がでたという。ガソリンさえいいものを十分にもっていたら、ちがった結果になっていたのかもしれない。

14 零戦の引込み脚はアメリカの戦闘機のマネをした？

日本ではじめて引込み脚を採用したのは三菱であるが、残念ながら零戦ではない。双発の8試特殊偵察機で、脚はエンジンのところについており、そのまうしろに引込むようにしてなかに納める方式である。

これを9試中型陸上攻撃機が受け継ぎ、96式陸上攻撃機として正式にデビューしたのである。脚の引込み方式は、8試特偵と基本的には変わっていない。96式陸攻は双発の中型機である。その三菱が機体の小さい戦闘機に本格的に引込み脚を採用することにしたのである。

このときに参考にしたのが、アメリカの「ボートコルセア」。このため、一部では零戦の引込み脚は先進国のモノマネで、見るべきものはないといった悪意の発言をする人もいる。それなら、ボートコルセアの図面があったのかといえば、答えは「ノー」。実物を見て構造を学ぶことはできても、基本の構造からつくったのは、堀越技師たちの12試艦戦グループである。それをマネというのは酷だろう。

つくるほうの設計でたいへんだったのは、脚を格納するときの寸法を狂いなくピタッと合わせること。これが合わないと、格納の覆いが風圧で開いたりするからである。

脚の引込みは油圧で行なった。ところが、この油圧系統には問題も多く、初期のころはよく脚が引込まないといったトラブルが続出した。戦場に零戦が配備されるようになっても、脚が出たままということが起きて、そのパイロットは戦闘に参加できずに基地に戻されたという話も少なからずあった。

コックピットに入ると、左側の壁にスロットルレバーがある。ちょうどその下くらいのところにランプが3つ、2列に並んでいる。手前から、青、黄、赤と、信号と同じ色の小さな四角いランプが並んでいる。

ランプの色が青だと、脚は出ていることを示している。だから、空中にあがって脚の格納装置を引いてもランプが赤にならないと、脚を出したまま飛んでいることになる。

せっかく出撃したのだから、実際はきちんと格納されているのに、ランプが故障したのだと思いたくなることもあるだろう。そんなときは翼を見るといい。前脚のあるあたりの翼の上に、小さな突起がでていれば、脚は格納されていないということなのだ。脚が格納されていれば、突起もでないようになっている。

零戦は空気抵抗を極力少なくした飛行機である。わざわざ空気抵抗を増やすような突起をだすということは、トラブルがあるということを示しているのだ。

15 零戦の視界は360度!?

零戦以前というか、12試艦戦の設計以前は、単座の国産戦闘機の風防は開放式で、シートのうしろはすぐに胴体とつながっていた。96式艦戦はその見本のようなかたちである。ただし、96式2号艦戦2型は密閉風防になっていたが、それでもシートのうしろはそのまま機体につながっており、基本デザインは変わらなかった。

零戦は空気抵抗の減少と操縦安定性を最優先させて設計した。しかし、それだけではなかった。視界をよくすることも考えに入れて、機体の上に風防がちょこんとのっているような、突出型風防、いわゆるバブル・キャノピーを採用している。これによって、視界は格段によくなった。ヘッドレストがあるので真うしろは見えないが、左右の視界は220度と、それまでのどの機種よりも後方視界はよかった。

この形の風防にしたことで、空気抵抗は少し増えたものの、これによって前方視界だけでなく、後方視界も断然よくなった。後方を見るときに邪魔にならないように、シートのうしろにあるヘッドレストも、カーブを切ってつくられていた。

コックピットに据えつけられたシートも、右側にあるレバーで高さの調節ができた。背の低いパイロットでも、シートを上げれば前方の視界は十分に確保できたのである。誤解を恐れずにいえば、日本の軍隊は乱暴なところで、たとえば靴のサイズがあわないと上官に申し出ても、「与えられたものに体を合わせろ」といわれるようなところだった。ムリを承知でやっていたのである。零戦はそんなムリをとおすことができなかったのだろう。パイロットに負担をかけない、パイロット優先の設計になっている。

同時代のアメリカ海軍の戦闘機を見ると、逆ガルウィング（かもめの翼）型のF4UコルセアやF6Fヘルキャットは、キャノピーのうしろからすぐに胴体につながっている。これでは後方視界が悪い。防御の面では大変に有効だったが、後方視界を確保するため、コックピットの前方にはバックミラーがついていた。

しかし、陸軍のP－51やP－47、P－38などは、形は零戦と同じバブル・キャノピーを採用していた。高々度での視界と空気抵抗の減少を優先していたからである。これも考え方は零戦と同じだ。

ただし、零戦が鉄枠のなかに一つずつのガラスをうめ、風防をつくったのに対し、P－51などの風防は、鉄枠のないワンピースタイプのものだった。これが、日本の技術では不可能だったのである。プラモデルをつくったことのある人ならすぐイメージできると思うが、こんなところにも、日米の技術力の差があったのだ。

16 零戦のタイヤはスクーターのタイヤより大きいのか?

飛行機の脚は、ハード・ランディング（激しい着陸）を想定してつくっている。飛行場だからといって、すべてが舗装されていたわけではない。むしろ、舗装されずに、整地されただけの飛行場のほうが多かった。

こんなところで離着陸するのだから、脚の強度はもちろんのこと、脚の機構や取りつけ部の主翼などに支障はないか、徹底的にテストされた。テストは12試艦戦1号機が完成してから1年間にもわたって行なわれた。

それでも脚には悩まされた。空気圧による緩衝《かんしょう》装置（オレオ）の空気漏れ、主脚、尾脚の引込み用電気指示装置の故障、油圧式ジャッキのパッキングがオイルに侵されるなど、トラブルは相次いだ。

これらの問題にも目鼻がたったころ、問題になったのが、着陸時の主脚のショックアブソーバー。あまり荷重をかけすぎると、ささえている主脚が折れることもある。そこで、主脚の中央部に上から赤、黄、青の3色を塗った荷重表示帯をつくり、タイヤの横につけたフェアリングの一番上が、赤いところまでこないように調整していた。

主脚の荷重表示帯は、赤、黄、青の3色のほか、赤と青だけの2色、あるいは赤の1色だけで表示した機体もあった。

主脚のタイヤの大きさは、直径が600ミリ、幅が175ミリである。バイクやクルマだと、タイヤにパターンを刻んでいる。零戦のタイヤは縦のミゾだけのものと、なにも刻んでいないつるつるのものがあった。

排気量50ccのスクーター、ヤマハの「ジョグ」のタイヤの大きさは直径が20インチ、508ミリで、零戦のタイヤの大きさよりもわずかに小さいだけである。戦後、占領軍によって飛行機の設計・製作ができなくなった技術者は、エンジンとタイヤがついたバイクや自動車の開発に携わるようになり、今日の日本の基礎を築いたのである。

17 実際の零戦はいたるところペイントだらけだった？

零戦の機体には色々なペイントがあった。たとえば、項目13で触れたように、零戦の主翼付け根付近の赤い小さい丸は給油口を示しているし、胴体にはＩＤステンシル（↓Ｐ82参照）のようなものもある。それらは全部意味のあるものなのである。

零戦の主翼を見ると、よく目立つのが、主翼付け根付近の後方に描かれた赤い四角の線だ。初期の灰鼠色の塗装のときから、その後に迷彩色の塗装になっても、同じように描かれている。

これは、この四角内の下はフラップだから、枠内には登るなという印なのだ。赤枠だけでは心配だからか、赤枠内の翼の端のほうには「ノルナ」とカタカナで書いてある念の入れようだ。

飛行機の翼に登ることなどないと思ったら大まちがい。

燃料タンクは翼にあるので、翼の上に乗って給油しなければならないし、コックピット内の整備のときも翼の上に乗って行なうなど、翼にはわりとひんぱんに乗ることが多い。乗ってもかまわない部分は固定したところで、それなりの強度がある。

しかし、フラップの上の部分は人を乗せるだけの強度をもたせていない。フラップは動く部分であるから、その上の強度の低い部分に人が乗ることで、可動部分が動かなくなっては、パイロットの命取りにもなる。だから、人のように重いものを乗せないようにしているわけなのだ。

原則的にはフラップの上面全体を赤い四角で囲むことにしているが、なかにはフラップよりも小さい部分を四角で囲み、「コノ上ニノルナ」とだけ書いてあるものもある。その場合は、パイロットがコックピットに乗り込むときにまちがえて踏まないよう、もっとも翼の付け根よりに書いてあることがおおい。

こうした注意事項がかかれているのは、フラップだけではない。主翼には、フラップの横に補助翼がつづいている。その補助翼には白い文字で「サワルナ」と書いてある。昇降舵にも同じ文字が書いてある。

これらは操縦桿やフットバーとつながっているので、単独に動かしてしまって、調整が狂ったりすると困るからである。それにしても、補助翼や昇降舵に「サワルナ」と書いてあるのはなぜなのだろうか。整備兵は必要なときはもちろんここを触るはずだ。パイロットはこんなところをむやみに触ってはならないことを知っているはずだ。いったいだれに対しての注意書きなのだろうか。

18 零戦の主翼の折りたたみはどうやったのか?

零戦は艦上戦闘機である。一一型を実際に空母に搭載してみると、主翼の長さが12メートルもあるため、エレベーターで昇降させるのには幅がいっぱいいっぱいで、ヘタをすれば翼を傷つけてしまう。そこで、一一型の翼の両端を50センチずつ折りたたむことができる二一型を開発した。しかし、なぜ中途半端に50センチずつなのだろうか。

アメリカ軍のF4Uコルセアは、全幅が12・490メートルもあるが、主翼を大きく折りたたむことができるので、空母の上では全幅はほぼ4メートルと3分の1ほどになってしまう。そのぶん多く積むことができるし、発艦するまで甲板上に並べておくにしても、より多くの数を並べておける。それだけ早く全機を発艦させることができることになる。

第2次大戦開戦直後に、日本軍がもっていた空母を見ると、飛行機の搭載能力は翔鶴型81機、赤城・加賀72機、飛龍・蒼龍63機と、アメリカ軍の空母レキシントンが80~90機、エンタープライズは81~85機と、それほど変わらないように思える。しかし、空母の大きさからいえば、同じくらいの翔鶴とレキシントンでは、翔鶴が約1割搭載機数が少ない。甲板上に並べられる数でくらべたら、レキシントンのほうが圧倒的に多いだろう。

レキシントン・ヨークタウンと翔鶴・瑞鶴は珊瑚海海戦であいまみえた。翔鶴・瑞鶴から69機、レキシントン・ヨークタウンからは82機が発進した。空戦は五分で、レキシントンは魚雷2本と爆弾2個を受けて、味方の魚雷で自沈した。ヨークタウンは飛行甲板が中破、翔鶴は飛行甲板を大破した。空母同士の戦いは、初戦は日本軍がやや有利だった。

ミッドウェー海戦になるとこれが逆転する。エンタープライズなどから発進した艦上爆撃機などによって赤城は大破され、発進直前だった飛行機は1機も動けなかった。この戦いで日本軍は、空母に搭載していた艦攻と零戦の半数を失うなど、大きな犠牲を払った。

零戦などの艦載機がコルセアのように大きく翼を折りたためるものだとしたら、発進準備も手ばやくでき、これほどのダメージを受けることはなかったのでないだろうか。

それはさておき、零戦二一型は翼を縦にささえているリブのうち、26番目（→P14参照）のところから上に折れるようになっていた。主翼の折りたたみ方式は簡単なもので、翼の下に噛み合わせ装置をつくり、その横の把手を引っ張れば噛み合わせが外れるというものだった。いわば手動である。ひとりで簡単にできるので、戦後アメリカ軍でも高く評価していたという。一方、アメリカの折りたたみ方法は、すべて油圧で行なわれていた。だから、そのぶん機体は重くなったのである。

19 零戦が思いどおりに操縦できたわけは？

12試艦戦1号機が各務原《かがみはら》でテスト飛行に入り、三菱のテストパイロット志摩、新谷春水操縦士から、海軍のパイロットが操縦するいわゆる「官試乗」がはじまった。おおむね好評で、とくに離着陸の容易さとキャノピーをつけたため風が当たらなくなったことが、これまでの飛行機にはない利点としてあげている。だが、次のような問題も指摘された。

●旋回を行なうと、それに必要な補助翼の利きが鈍く、機体の反応が遅れ気味になる。左右の旋回をつづけて行なう切り返し飛行では低速時は補助翼の利きの遅れが一層目立った。

●急降下から引き起こしに移り、操縦桿をぐっと引くと、身体が座席にのめり込むような荷重を感じ、一瞬失神状態になる。急降下の速度が大きいため、昇降舵が利きすぎて、従来の戦闘機にはなかったような急激な引き起こしになってしまう。

●急横転のとき、操縦桿を強く引くと、補助翼の前縁にあたる気流のため舵が取られ、操縦桿がとられるようになる。

低速時にはなんの問題がなくても、高速時に舵が利きすぎる原因ははっきりしていた。飛行機は、舵に風が当たることによって方向を変える。ところが、飛行機の速度、なかでも戦闘機の場合は、速度が一定で動くことはありえない。巡航速度が３００キロメートルでも、空中戦では５００キロメートルを超すからである。速度の差は２００キロメートルもあるわけだ。

舵に当たる風の強さは、３００キロメートルのときと、５００キロメートルのときとでは異なる。５００キロメートルのほうが当然強く当たる。そのため同じ半径で回転する場合、風が舵に強く当たるときのほうが、舵の角度は小さくていいことになる。

しかし、パイロットは速度の差に関係なく、同じように操縦桿を動かす。だからそこに、高速になればなるほど舵が効きすぎと感じてしまう原因が生まれる。12試艦戦の場合、速度の差が大きいだけにパイロットのとまどいも大きかった。

操縦桿は補助翼、尾翼の昇降舵とパイプやケーブルでつながれている。それまでは剛性の高いパイプやケーブルが使われていたから、操縦桿の動きがそのまま舵に伝わる。

堀越技師は、この常識に疑問をもった。そこで、パイプやケーブルを、力を加えたときに少し伸びるような剛性の低いものに変更したのだ。こうすれば、高速時はパイプやケーブルに大きな力がかかって伸びるから、パイロットは高速時でも操縦桿を大きく動かさなければならなくなる。つまり、低速時と同じ感覚で操縦できることになる。これによって零戦は「パイロットの思いどおりに動かせる飛行機」といわれるようになったのである。

20 機体の空気抵抗を少なくした新リベットとは?

機体の張り合わせに、ネジの頭がとびださないリベット（沈頭鋲《ちんとうびょう》）をはじめて使ったのが、96式艦戦である。飛行機には、胴体や翼に金属の骨組みが走っている。飛ばすために必要な強度をこれらの骨組みがささえているのである。飛行機として空を飛ぶには、この骨組みに覆いをづけて、飛行機が必要とする揚力を得なければならない。

初期の飛行機は、胴体や羽根を覆う材料も布であったから、外観上は表面がすっきりしていた。突起物もないので、風の抵抗は少なかった。

しかし、飛行機も高速機時代になると、羽布張りの飛行機では、翼に「フラッター」現象が起こる。空気の流れで翼に張っている羽布にシワが寄り、このため翼が激しい振動をする。結果、空中分解してしまう。

では、金属にすればよいと思うのは、だれしも同じことである。当時の技術者もそれは知っていた。それなのに、金属性にしなかったのは、軽くて強度のある金属材料がなかったからである。

そこに、ジュラルミンより強度があって軽い材料である超ジュラルミンが開発された。

96式艦戦の設計に入る前のことである。堀越技師は実物を見たうえで、96式艦戦にフレームから表面材にまで採用し、これを全金属性の飛行機にすることにした。

全金属性にするにあたって、やっかいだったのはリベット。羽根や胴体の張り合わせなどにはリベットを使わなくてはならない。普通のリベットでは頭が胴体より上にでる。高速機になればなるほど、空気抵抗を減らさなければならないのに、リベットの頭が飛行機の表面にでるようになれば、空気力学上からは抵抗がふえるようになる。そこで、リベットの頭が機体の外板からでないように埋め込んでしまおうと考えたのである。リベットの頭を接続面よりだささないから、沈頭鋲である。頭の平らな木ねじがある。これを思い浮べてもらえばわかりやすい。平らなほうを外板と同じ高さにして、表面を平滑にした。飛行機の機体の外板は、厚さが1ミリ以内の薄板である。リベットの頭を埋め込むためのへこみを薄板につけるのは、工作上そう簡単ではない。

幸いなことに、ドイツ・ユンカース社の技術を応用した沈頭鋲があった。ただし、使われていたのは機体の外板ではない。本来なら、薄板に沈頭鋲をもちいた場合、振動に対する緩みやリベットのすっぽぬけに対する抗力、リベット打ちの際の凹の周囲にできる亀裂など、実験によって確かめなくてはならなかったのだが、そんな時間もないままに96式艦戦に採用された。それが予想外に好評だったため、零戦でも採用されたのである。

21 零戦はどんなエンジンを積んでいたのか？

この当時、飛行機のエンジンには、いまの自動車やオートバイなどに使われている「レシプロ」エンジンが搭載されていた。エンジンの型式も、4サイクルの空冷エンジンをピストン軸を中心にして円を描くように並べた「星型エンジン」と、現在は自動車にも使われている水冷や油冷のいわゆる液冷「V型」エンジンの2種類があった。

零戦に搭載されたのは、空冷式の星型エンジンである。12試艦戦では三菱の「瑞星」と、これより少しだけ大きい「金星」のどちらを選ぶかということになったとき、ただでさえ機体が大きいという声が聞かれたなかで、金星を選ぶとパイロットの受けがよくないと判断して「瑞星一三型」を採用したのである。

ところが、瑞星を積んだ1号機の社内飛行実験が終わらないうちに、中島の栄型エンジンが登場した。サイズは瑞星より少しだけ大きいものの、性能で勝ることから、海軍の指示により、3号機から「栄一二型」を積むことにした。ここに、零戦は第2次大戦を「栄型」エンジンで戦うことになった。

のちに、アメリカ軍の大馬力エンジンを積んだ飛行機が、空での主導権を取りはじめたころ、零戦の主務設計者の堀越技師は零戦に「金星型」エンジンを積まなかったことについて「我、誤てり」といったという話が伝わっている。

終戦直前に「金星六二型」エンジンを搭載した五四丙型がつくられたが、その数わずか2機で、活躍する場はすでになくなっていた。

日本の飛行機のエンジンは、ほとんどが星型エンジンである。では、世界の飛行機もそうだったのだろうか。アメリカ軍のP－38ライトニング、P－39エアコブラ、そして名機P－51ムスタングはすべて液冷式のV型12気筒エンジンである。また、ドイツのメッサーシュミットMe109、イギリスのスピットファイアーもV型エンジンを搭載していた。

V型エンジンは星型エンジンとくらべると、幅が小さいので前方などの視界がよくなるメリットもある。半面、エンジンのメンテナンスが面倒などのデメリットもある。整備などに手間が取られることもあって、わが国ではあまりつくられなかったが、V型エンジンは川崎重工の前身の川崎航空機がつくっていた。代表的なのはメッサーシュミットMe109のエンジンをまねたV型12気筒エンジン「ハ－40型（1175馬力）」で、陸軍の戦闘機「飛燕」に搭載された。しかし、思いどおりの性能がでずに、結局は三菱の「金星六二型」に換装（のちの五式戦）した。

わが国の飛行機は、エンジンに泣かされつづけて戦争を戦ったのである。

22 エンジンのパワーは大型トラックとどちらが大きいか?

零戦には6種類のエンジンが搭載された。「瑞星一三型」「栄一二型」「栄二一型」「栄三一型」「栄三一甲型」「金星六二型」である。しかし、瑞星と金星は2機ずつしか製造されておらず、零戦=栄型エンジンということになる。なかでも、主力となったのは栄一二型と二一型の2種類である。

いずれも複式星型で、14気筒エンジンである。複式というのは、14気筒ものエンジンを一列に円形に並べると、エンジンの外径はかなり大きくなる。同じ出力をだすのなら、エンジンは小さいほうが前方視界もよくなるので有利である。だから、エンジンを2列にして前列のシリンダーとシリンダーの間に後列のシリンダーが配置され、前面から見るとすべてのシリンダーが見えるようになっている。空冷式だから、シリンダーの冷却フィンがきれいに刻まれていて、機械の冷たさを感じるよりも、造形の美しさに見とれてしまう。

飛行機のエンジンは、大半の自動車に搭載されているレシプロエンジンと原理は同じであっても、地上を走るクルマのエンジンとでは、構造はちがってくる。

飛行機は、飛び立つ前の地上では、条件はクルマと同じである。ところが、飛び立つと高度によって空気の濃度が薄くなる。この条件の差によって、同じエンジンでもなにも手を加えないと、出力が下がったりエンジンが止まったりもする。

登山で4000メートルを越える山に登ったりしたときに高山病にかかるのは、空気が体の必要とする量より不足するからである。すぐに酸素ボンベで酸素を補給したり、下山するとよくなる。最近はこれを逆手《さかて》にとって、スポーツ選手が平地より空気の薄い2000メートル級の高地でトレーニングし、心肺機能を強化する方法が、マラソンなどで流行っている。

エンジンもこれと同じようなことが起こる。燃料はエンジンで効率よく燃焼するためには、燃料と空気の混合気の割合が1：8〜1：18くらいが適当である。これを調節するのがキャブレター。燃料の量が多くて混合気が濃すぎるとエンジンは不調となるし、反対に薄すぎるとエンジンはバックファイアーを起こして止まったりしてしまう。

自動車ではあまりないが、オートバイでは転倒したあとにエンジンがかかりにくくなったりする。キャブレターに燃料が入りこんで、濃い混合気しかつくれなくなるからだ。また、2000メートルくらいの高地にいくと、空気が薄いので混合気が濃くなる。平地でのエンジンのアイドリングの回転数ではエンジンは止まってしまうこともある。

だから、飛行機のエンジンには過給機がついている。過給機は高々度の希薄な空気を圧縮して、エンジンの出力低下をおさえるのである。これによって、離着陸時にも出力が増大することにもなる。

飛行機の最高出力は、離昇時と飛行時、それも飛行高度によって、必ずしも一定ではない。高度によって過給機の働きがちがってくるからで、過給機は中高度と高々度用の2段に切り替えられるようになっていた。栄二一型を例にとると、離昇出力は1130馬力あるそれが高度2850メートルの第1速過給高度では1100馬力になり、高度6000メートルの第2速過給高度では980馬力にまで低下する。ちなみに、過給機がないと、高度6000メートルでは481馬力まで低下する。

零戦に使われたエンジンの出力は、第1速過給高度で見ると、瑞星が875馬力、栄一二型が950馬力、二一型、三一型、三一甲型が1100馬力、金星が1350馬力だった。瑞星と栄一二型の第2過給高度における馬力は不明だが、栄二一型が980馬力、金星が1250馬力、栄三一型、三一甲型は950馬力の予定だった。栄三一型が二一型よりも出力が低下しているのは、第2速過給高度が二一型よりも1000メートルも高い7000メートルなっているからで、これを補うため、水・アルコール燃料を使い一時的に出力を増やすブーストを利用していた。

零戦にもっとも多く使われた主力の二一型は、総排気量2万7900ccで、第2速過給高度での出力こそ980馬力だが、第1速過給高度では1100馬力をだす。直径は1・15メートル、全長1・63メートルだから、ドラム缶より二回りくらい大きいエンジンだ。

零戦は同時期のほかの戦闘機とくらべてみると出力は決して高くはない。同じくらいの馬力の戦闘機をあげると、ホーカー・ハリケーン（1050馬力）、ハインケルHe112（910馬力）などか。ただし、これらの戦闘機は、零戦のように第2次大戦で活躍することはほとんどなかった。

アメリカ軍のP－39、P－40、F4Fなどは、1150馬力くらいだから、馬力をくらべたら、アメリカ機のほうが1クラス上の戦闘機といえる。それでも零戦はこれらを敵に回して、圧倒的な強さを見せたのである。

戦争後期に投入されたアメリカ軍のF6Fなどは2000馬力級のエンジンを積んでおり、零戦が苦杯をなめさせられたのもよくわかる。

日野自動車の16トン積み大型トラック「プロフィア」には、9種類のエンジンを搭載することができる。いずれもディーゼルエンジンで、排ガス基準をクリアしているものだ。プロフィアに搭載できる最強のエンジン、E13C（ET－IX）の出力は520馬力である。栄二一型エンジンは1100馬力だから、馬力だけを比べると、E13C（ET－IX）2基を積んで零戦は飛んでいたことになる。

23 最高出力の回転数はマツダRX－8より高い？

零戦のエンジンというと、瑞星、金星と三菱製のものもあるが、やはり実際の戦闘で使われた中島の「栄型」ということになる。

栄型エンジンの設計が開始されたのは昭和8年で、翌9年には試作第1号が完成している。中島の星型空冷エンジンとしては10番目、複列星型空冷エンジンとしては、3番目である。

栄型エンジンは1000馬力級としてはコンパクトなエンジンとするため、シリンダーはボア（シリンダーの径）130ミリ、ストローク（行程）150ミリとして、「小さなエンジンで大馬力をだす」ことを目標につくられたのである。

エンジンの性能は、ボアとストロークの比も問題にはなる。しかし、それよりは混合気のブースト（吸入圧力）を高める、エンジンの圧縮比や回転数を高めることなどが、出力の向上につながる。

これらをすべてクリアしたとしても、もっとも大きな問題は残る。はたしてエンジンは常に一定の性能を維持して動くのかという点である。飛行機は大空を飛ぶわけだから、地上とは条件がちがう。

栄エンジンは、地上での運転は良好だった。しかし、97式艦上攻撃機に装着して全力上昇のテストしたときに、異常振動、シリンダー温度過昇、ピストンの焼損などの事故が起こった。

レシプロエンジンはキャブレターを使ってエンジンに燃料を送る。高度が高くなると空気は薄くなるのにガソリンは一定で送られるから、混合気は濃くなる。操縦席にはこれを調節するレバーがあるのだが、栄型エンジンは従来のエンジンと同じ操作では、混合気が濃すぎるので不完全燃焼を起こし、トラブルになるのである。

これをパイロットの技量に任せて解決することはできない。そこで、高度にあわせて燃料を適正に絞っていく自動混合気調整装置（AMC）の開発を急ぎ、これによって、燃焼問題も解消した。

栄二一型エンジンは、回転数が離昇時で2750rpm、第1、第2速過給速度で2700rpmである。日本で初めて市販車にロータリーエンジンを積んだのはマツダである。そのマツダの人気スポーツカー「RX‐8」は、排気量1300cc、回転数8500rpmで184馬力をたたきだす。高回転のロータリーエンジンとレシプロエンジンを単純に比較でないが、栄エンジン型の回転数はRX‐8の3分の1だったのだ。

24 零戦のプロペラは本当は2枚羽根だった?

のちに零戦となる12試艦戦は、過大な計画性能要求を満たすためには、重量をいかに軽減するかが設計における最重要事項となった。軽量化を図るといっても、強度が不足したのではなんにもならない。強度を犠牲にしないで軽量化に取り組むことになった。

96式艦戦で超ジュラルミンを使っていたが、これをそのまま使うと機体が大きいだけに重くなる。幸運だったのは、超ジュラルミンを開発した住友軽金属工業が、さらに強力な新軽合金の「超々ジュラルミン」を完成していたことである。

超ジュラルミンが1平方ミリメートル当たり45キログラムまでの張力に耐えられるのに対し、超々ジュラルミンは1平方ミリメートル60キログラムまで耐えられるという画期的な強度をもつものだった。主翼桁には超々ジュラルミンの押出型材を使い、軽くて強度のある翼をつくり上げることができた。

この思想はすべてにわたって貫かれた。

エンジンも例外ではなかった。「金星」と「瑞星」のどちらにするかと迫られたとき、堀越技師は金星は瑞星よりも直径で10ミリ、重量で34キログラム重いことから、本意ではなかったようだが、瑞星を使うことにした。

プロペラも同じである。海軍から定回転プロペラを使うように指示を受けていたので、そのとおりにした。

しかし、これも軽量化の観点から、2枚羽根にした。2枚羽根と3枚羽根では、2枚羽根のほうが37・5キログラム軽いからである。

12試艦戦のテスト飛行がはじまると、問題点もだんだんと明らかになる。そのひとつが振動。そのままでは飛行機の実用化が困難かと思われるほどだった。はじめは脚に空気があたるためではないかとみられたが、脚を引き込んでも振動はおさまらない。

堀越技師は2枚羽根のプロペラの振動が機体の振動と共鳴するためではないかとみて、3枚羽根のプロペラと取り換えて試験飛行をしてみた。まったく振動がなくなったわけではないが、実用に適するまでに振動はおさまり、3枚羽根の採用が決まった。

これによって、約40キログラムの重量増加になったものの、正規満載状態での重量は2331キログラムにおさまった。性能試験の結果も、操縦性、安定性に大きな欠点はなかった。最高速度は計算値を上回る264ノット(490キロメートル)と、96艦戦より50キロメートルもスピードが出たことで、海軍は実用化に自信をもった。振動さえ起こらなければ、零戦のプロペラは2枚羽根となるところだったのだ。

25 零戦のプロペラに使われた新機構と大きさは？

プロペラとプロペラシャフトとの角度をピッチと呼ぶ。初期の飛行機ではこの角度は動かせない「固定ピッチ」プロペラだった。模型飛行機のプロペラを連想すればよい。

プロペラには主に2つの役割がある。重力に対して重い機体を飛び上がらせる揚力をつくること。飛び上がった飛行機を前に進ませるための推力をつくることである。現代の自動車よりも少し速いくらいのスピードで空を飛んでいるときは、固定ピッチプロペラでも揚力と推力が最大になる角度にしておけばよかった。

しかし、スピードを上げようとすると、固定ピッチプロペラでは対抗できなくなる。というのも、遅いスピードのときは推力は小さくとも、揚力が大きければ空を飛べる。逆に、スピードが速くなると揚力より推力のほうがより必要とされるからだ。

このため、高速機時代になると、プロペラのピッチの角度を変えて、飛行状況に応じた最高の効率を引き出せるように、プロペラのピッチの角度を飛行中に選べるようにした「可変ピッチプロペラ」が登場した。離陸や上昇などの低速時には、揚力が十分になるようにピッチは低く、巡航時には推力を引き出すためにピッチは高く、それぞれの状況に応じてプロペラの効率を引き出せるようにしたのである。

ピッチを変えれば、抵抗が変わってエンジンの回転数も変わる。そこでエンジンに調速機（ガバナー）をつけ、エンジンを一定回転数で運転しながら、飛行状況に適したピッチに自動的に変える「定回転プロペラ」が登場した。

零戦には、海軍の要請で日本ではじめて定回転プロペラが使われた。プロペラは終戦まで日本独自のものはできず、アメリカ・ハミルトン社の製造権を買って住友がつくった、住友―ハミルトンの定回転プロペラが採用された。零戦の3枚羽根プロペラの回転直径は、一一型、二一型までは２９００ミリ、三二型以降は３０９０ミリと、少し大きくなっている。試作で終わった六四型はさらに大きく、３１５０ミリだった。

零戦と同じ堀越技師がてがけた「雷電」は、局地戦闘機として三菱念願の自社開発エンジンの「火星」を積み、離昇出力で１８００馬力を誇った。局地戦闘機であるだけに、雷電一一型は６０００メートルまで5分38秒と、零戦五二型よりも約1分半も上昇力は優れていた。ちなみに、Ｂ‐29が飛来するときの高度1万メートルまでは、19分30秒で、実用上昇限度は1万１７００メートルである。雷電のプロペラは、住友がドイツのＶＤＭ社の製造権を買った4枚羽根定回転プロペラである。回転直径は３３００ミリで、零戦三二型よりも２１０ミリも長かった。

26 零戦の生産工数はP-51とどちらが多い？

零戦は、機体を前と後ろに分割してつくっていた。だから、ユニットとして前と後ろをまずつくり、それを合わせれば機体はできる。これに中島製のエンジンと、住友―ハミルトン式の定回転3枚羽根のプロペラをつければよい。工程としては画期的な方式を取り入れていただけに、少ない工数ですんだのかというと、じつはそうともいえない。

零戦は、海軍の方針によって、昭和16年1月から中島でも生産を開始されることになった。中島では同時期に陸軍の戦闘機「隼」を生産していた。中島にいわせると、零戦は加工に手間のかかるところが多く、隼のほうが生産はしやすかったという。中島は零戦で自社のエンジン「栄」を使っているのだから、身びいきからだけでなく大量生産を考えたときにはもっと工夫が必要だったのかもしれない。

前線に零戦が送られたときは、IDステンシルなどから、どこでつくられたものかはすぐにわかる。パイロットにいわせると、「つくりがていねいで、乗りやすかったのは三菱製だった」という指摘もあるほど、ちがう飛行機になっていた。

零戦の生産工数(作業時間×直接工作員数)といっても、生産が少ないときと多くなったと

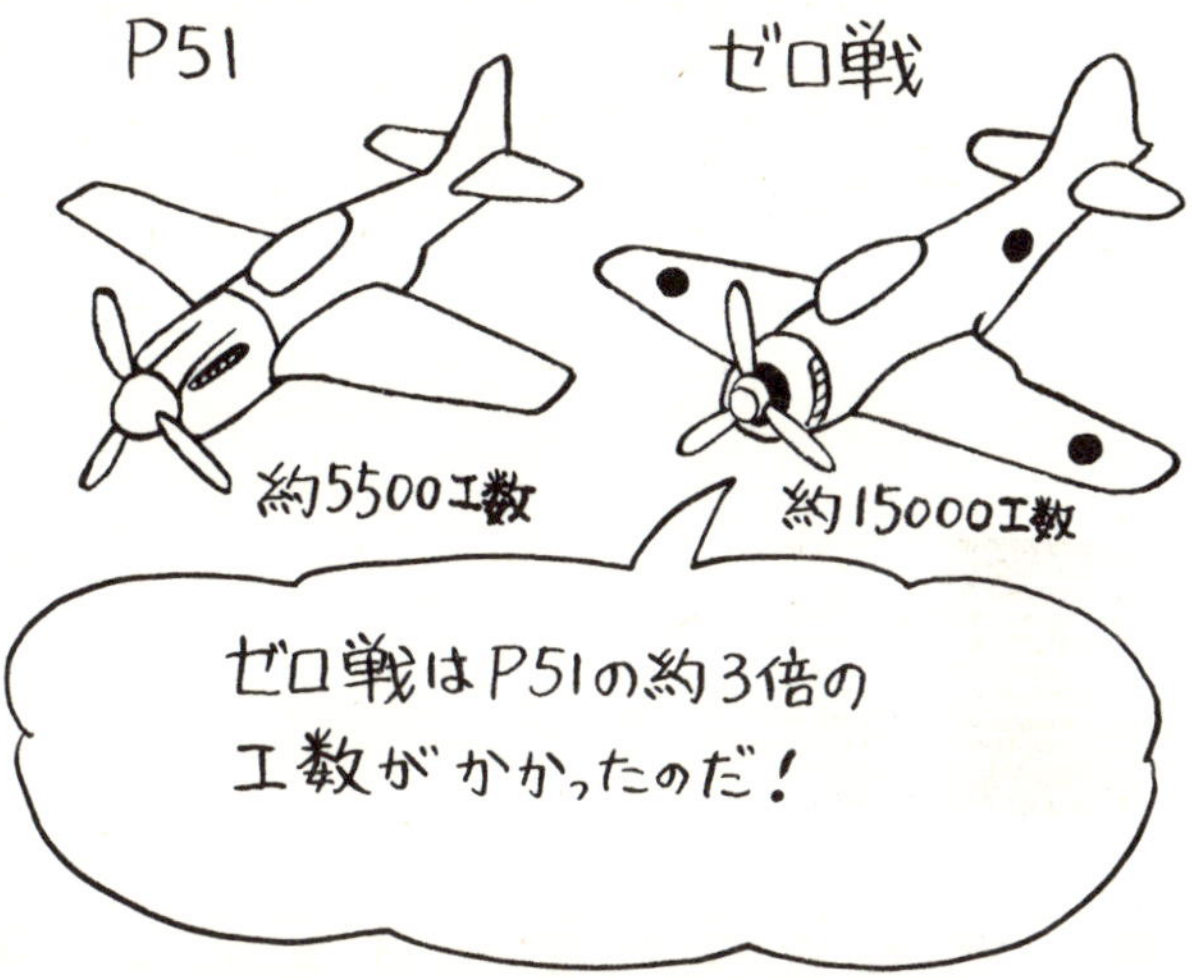

きでは、設備の充実度もちがうので、比較する時点によって変わってくる。

数百機目で見ると、零戦の生産工数は１万４０００〜１万５０００かかっている。これがＰ－51ムスタングでは４５００〜５５００ですんでいる。零戦はムスタングよりも２・５〜３・３倍も多くかかっている。日本では手作業による人海戦術でつくっているのに対し、アメリカでは機械化が進んでいたので、これだけの開きがでている。

これが数千機目になると、さらに顕著になる。零戦が１万まで下げている一方、ムスタングは約半分の２７００まで落としている。比率でみると、零戦はムスタングの３・７倍と拡大している。生産設備のちがいがこれほどの差になってあらわれている。

27 零戦は全部で何機つくられたのか？

記念すべき1号機が完成したのは昭和14年3月16日。12試艦戦としてである。その後テスト飛行などを繰り返し、9月14日に海軍に引き渡した。つづけて製造していた2号機も、10月25日に引き渡された。15年1月に中島の「栄」エンジンを搭載した3号機を引き渡した以降は、ほとんど本格生産にはいったような格好になった。テスト飛行や習熟運転などを繰り返し行ない、制式採用になったのは15年7月24日のことで、そのころには12試艦戦の名前のまま12機が前線に出動していた。

零戦は、三菱と中島で生産された。三菱では自社生産分については何型が何機生産されたのか一応把握している。しかし、中島は戦時中に工場が爆撃にあったので、そうした資料がない。だから、全体として何型が何機生産されたのかはわからない。

ただ、何年に何機生産されたのかは、軍需省の資料が残っていたのでわかっている。それによると、16年末までに約589機、17年末までに1366機、18年末まで2996機、19年末まで3830機、20年8月まで1669機、合計約1万450機も生産されている。このなかには、零戦の名前がついていない2式水上戦闘機327機を含めている。半面、大村の21航空廠と日立航空機で生産された零式練習戦闘機、合計515機は含まれていない。零戦の派生機をすべて含めると、1万1000機は生産されたことになる。日本の人口の1万分の1である。わが国で大量に生産されたのは、零戦を除くと「隼」である。それでもトータルで5751機と零戦のほぼ半分でしかない。

零戦の機種別の生産台数ははっきりとはわからない。戦争中に活躍した零戦は二一型と三二型といわれているから、両機はかなり生産されたのではないだろうか。

目を外に転じてみると、零戦を上回る生産数を誇る戦闘機も多い。イギリスのスピットファイアーは、生産期間も12年におよび、総生産台数は2万2000台である。ロールスロイスのエンジンを積んだこの飛行機は、生産台数が多いだけでなく、20カ国でも使われたスーパースターだったのだ。アメリカのP－40も1万3738台も生産され、零戦よりも多い。

それにしても、日本とアメリカの飛行機の月産数量を比較してみると、第2次大戦開戦当時の昭和16年12月は日本530機に対し、アメリカ2500機と、約5倍である。17年12月も1040対5400と比率は変わらない。19年12月になると、2100対6700と日本の比率は高くなるが、絶対数量の開きは歴然としている。これで本当に日本が戦争に勝てるなんて思っていたのだろうか、疑問である。

28 零戦は「三菱」生まれの「中島」育ちだった？

零戦が実戦ですばらしい戦果を上げはじめた直後の昭和15年9月、海軍は将来を考えると、三菱1社では生産が間に合わなくなると判断して、中島にも零戦の生産を行なわせることに決めた。そのときに、中島に零戦の図面を渡し、改造にともなう設計変更や工作上の連絡をどうするかなどを協議した。このときに、生産面では中島が主力となり、三菱は設計変更などを主として受け持つことになった。

この時点で、中島が生産数で三菱を上回ることが約束されたようなものだった。実際に、零戦の生産数量約1万450機のうち、中島が生産したのは約6545機で、三菱は約3880機だから、三菱の2倍近い数字を中島は生産している。

とはいっても、零戦が完成度の高い戦闘機であったならば、三菱の生産数量も上がっていただろう。ところが、零戦は性能要求が当時の技術水準をはるかに超えるものであったため、制式機になってもトラブルが発生し、その改良に手がとられていた。

その最たるものがエンジン。零戦は、何度もいうようだが、三菱の「瑞星」から中島の「栄」を使うことになった。栄も、一一型、二一型、三一型と変わった。エンジンの出力が

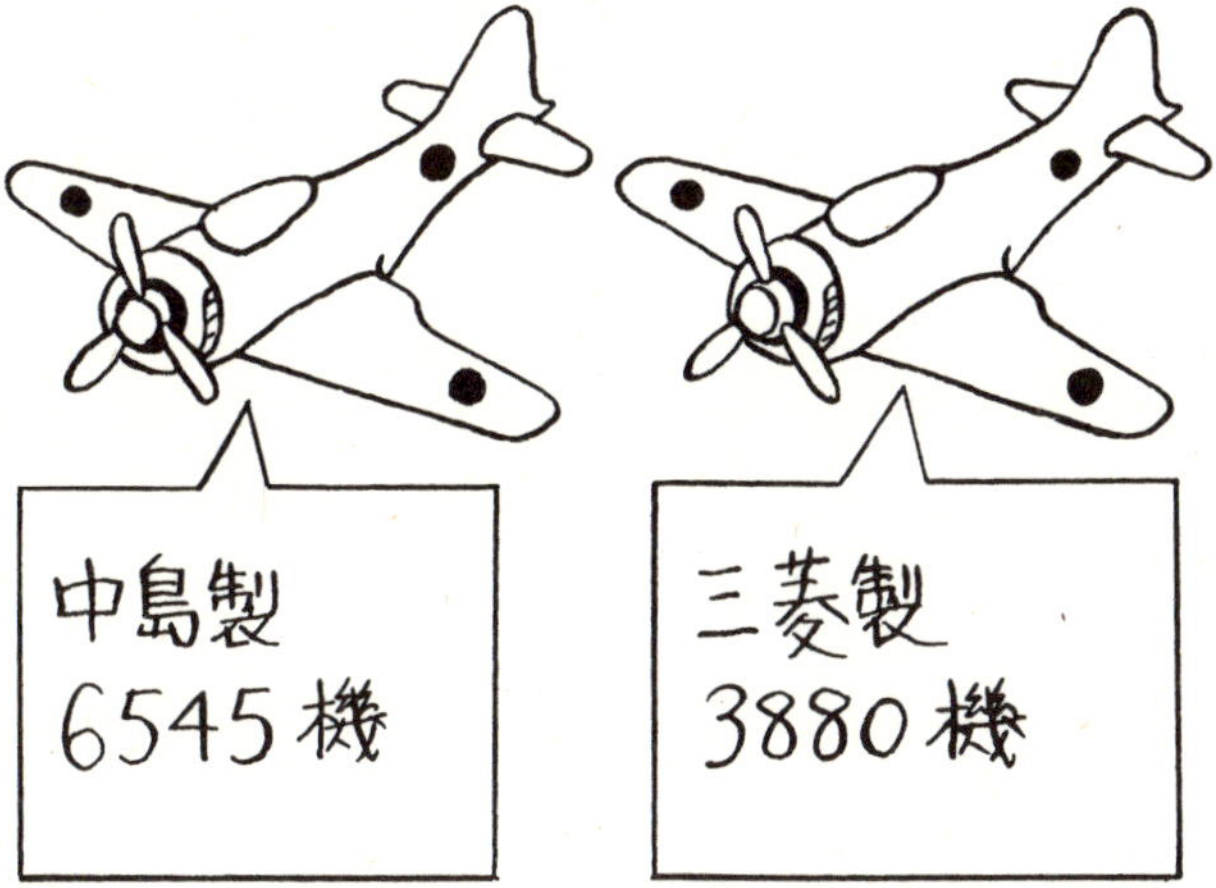

上がるだけならよいのだが、重さも変わる。当然、重くなるわけだ。重さが変わると、機体の強度もそれに合わせて改造しなければならない。

とくに、零戦は性能要求にできるだけ近づけるため、徹底的な軽量化を図っていた。エンジンが重くなることは、それに対応する機体の強度にするため、強度計算をやり直したり、それに見合った補強をしなければならなくなる。

そうした設計変更などは三菱の責任になるのだから、勢い生産数量は少なくならざるをえない。

三菱としては、生産台数では中島にゆずっても、零戦という世界に誇れる名機を生み出した「栄誉」を得たのである。

29 「三菱」生まれと「中島」生まれの零戦はどちらが優秀?

同じ設計図で同じ材料を使って生産しているわけだから、三菱製と中島製の零戦は同じじゃないかと思うのが当然である。

現在の自動車メーカーでは、すべてが自社工場で生産しているわけではない。バブル時代の過剰投資で工場のラインが空いていても、関連会社の工場などに委託生産しているケースもまだある。しかし、自動車の場合は組み立て産業で、部品などはすべて委託するほうが手配しているので、どこで生産しても同じクルマが出来上がる。

飛行機も、現在では組み立て産業になってきているが、戦前は現在の自動車産業のような仕組みにはなっていなかった。三菱が中島に渡したのは図面で、それに使う材料の指定はあっても、部品の加工からはじめなければならなかったのである。中島としては、もちろん設計図に忠実に生産をしたはずである。そうでなければ、所定の性能をだせないばかりか、三菱の倍も生産することはできなかったはずである。

それなら外観はまったく変わらなかったのかというと、これがそうでもない。プロペラの複雑な機構をカバーして、空気抵抗を減らす役目もあるスピナーが、中島製は三菱製よりも少しだけ長かった。同じ二一型をくらべてみても、スピナーは中島製の零戦のほうが長い。鼻の高いハンサムな顔になっている。零戦の全長は9・05メートル（二一型）だが、ひょっとすると中島製はスピナーのぶんだけ長かったのかもしれない。

塗装もちがっていた。海軍では正しくは「塗粧」と呼んでおり、文字どおり飛行機にする化粧である。零戦は当初、「灰鼠色」に塗ることになっていた。三菱も中島も同じ色に塗装している。けれども、塗料の納入業者がちがうので、同一規格といっても、中島の零戦は三菱よりも若干明るかった。それで識別もできたといわれている。

そしてもう一つ、じつは素人でもはっきりとちがいのわかることがあった。胴体と翼につける日の丸の描き方がちがっていたのだ。

三菱製は地色に赤い日の丸を描いただけなのに対し、中島製は三菱製と区別するために、零戦二一型や2式水戦の胴体に日の丸に白いフチをつけていた。

ただ、その後は正式に迷彩塗装が採用され、迷彩塗装機は胴体と主翼上面には日の丸に白フチをつけることになった。このフチの幅は、胴体、翼ともに75ミリが標準だった。しかし、中島製の零戦五二型などは、白フチの幅が胴体は75ミリでも、主翼は30ミリと幅が狭かった。

だから、外観からでも三菱製か中島製かは判別できたのだ。

30 零戦は生まれ育ちの戸籍名簿を張りつけていた？

型式や製造番号、所属部隊などを示したものは、データ・プレート、または「IDステンシル」と呼ばれている。零戦には型式や製造番号、製造年月日、所属部隊を示すものは左胴体後部の尾翼の前に描かれていた。零戦のIDステンシルは、黒い破線で四角く囲んだなかに、上から型式、製造番号、製造年月日、所属を書く欄があった。文字も黒を使い、機体が暗い色のときは、その部分だけ灰色に塗って書き込んでいた。

IDステンシルの型式の書き方も、三菱と中島ではちがっている。

零戦二一型を例にとると、三菱では「零式一号艦上戦闘機二型」と正式の名称を書いていた。ところが、中島は「零式艦上戦闘機二一型」と、いわゆる略称でとおしている。最後の量産機となった「五二丙型」は、さすがに三菱も「零式艦上戦闘機五二型」と書いているが、その下に「丙型」と細区分した型式を加えている。中島は「零式艦上戦闘機五二丙型」と淡々と書いている。最後まで書き方は統一されなかった。

製造年月日は、2―2―9という具合にアラビア数字で書かれていた。最初の2は年号紀元2602（昭和17年）をさし、次の2が月、最後の9が日にちをあらわしている。だか

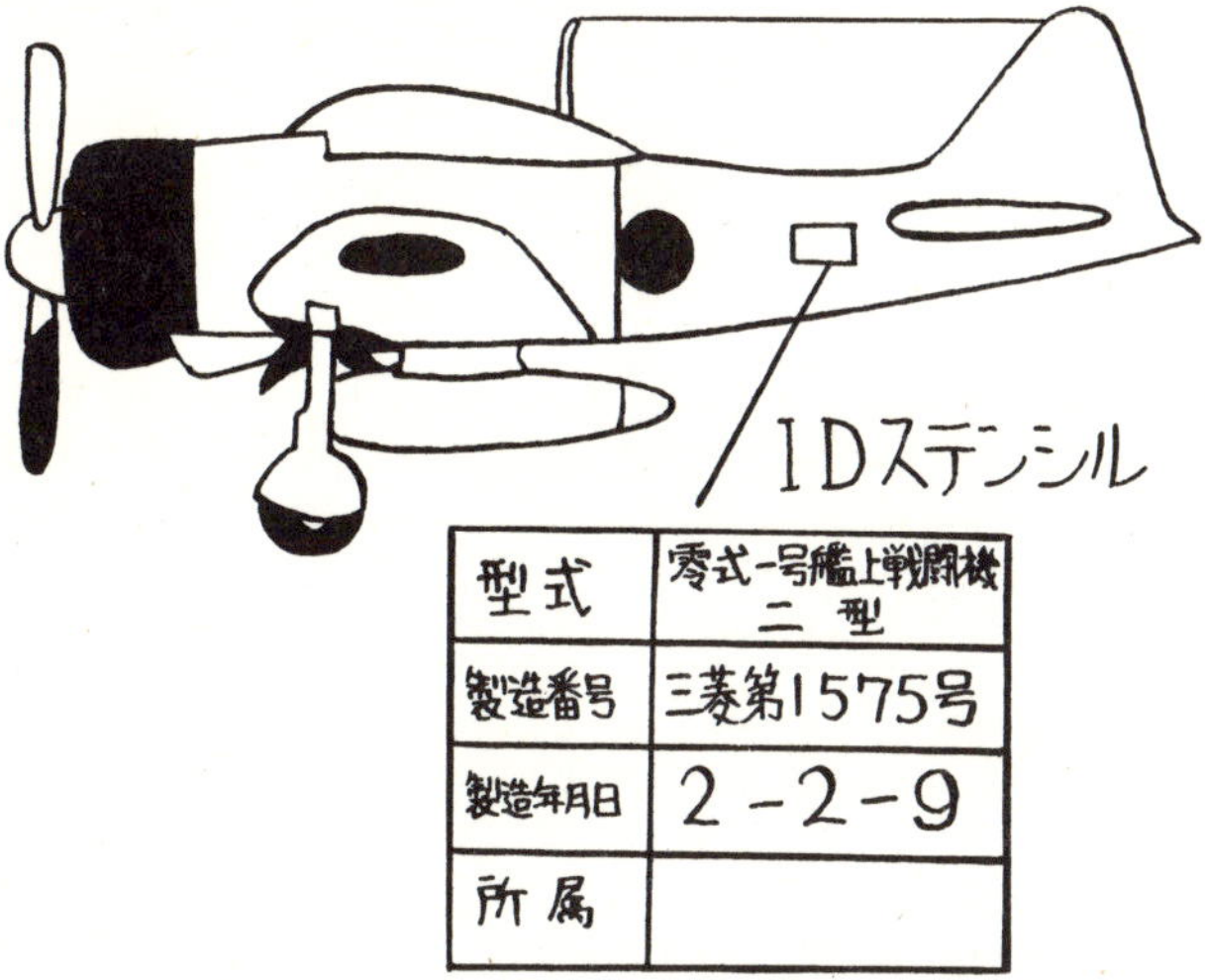

ら、紀元2602年（昭和17年）2月9日に生産されたことがわかる。

　欧米では日にち、月、年の順番で表記するのが一般的である。日本とは逆になる。これこそ長年の慣習だから、日本はいまでも几帳面に「年月日」といって、何年何月何日と頭から読めばわかる。馴染んでしまえば同じことなのだろうが、どうも日本式が合理的に思えるのは、日本式でこれまでやってきたせいかもしれない。

　それはさておき、コックピットの内壁にもIDステンシルは取りつけられていた。金属性で、「金属製表札」と呼ばれていた。胴体とちがって、こちらには製造所、名称、型式、発動機、製造番号、製造年月日、自重、搭載量、全備重量などが書かれていた。

31 零戦の塗装はなぜあんなに地味なのか？

零戦は、最初の頃は「灰鼠色《はいねずみいろ》」の塗装《とそう》がされていた。それに表面に保護用のワニスを上塗りしていたので、実際に見るといくぶん褐色がかって見えた。ワニスを塗ったため表面はつやつやした光沢がある。色と艶から灰鼠色ではなく、「飴《あめ》色」と呼ばれていた。三菱で生産された二一型のうち、最初の30機を除いて、すべて飴色塗装がなされた。

昭和18年春になると、海軍は実戦機の迷彩を制式化したのにともない、これ以降に生産された零戦は上面を濃緑黒色ベタ塗りにした。これに合わせて、胴体と主翼上面の日の丸に、目立つように75ミリの白フチをつけた。

ただ、中島はこのとき以来、主翼上面の日の丸には75ミリではなく30ミリと幅の狭い白フチに変えている。さらに、濃緑黒色塗装も胴体は主翼の下から水平尾翼の下までにして、横から見ればツートーンカラーのようになっている。中島としては、三菱とのちがいをこういうところであらわしたかったのだろう。

しかし、制空権争いが激しくなった南方では、日の丸の白フチが目立ちすぎるため、敵の絶好の標的になりやすいことから、同じ色や黒色で白フチを塗りつぶしていた。

それにしても、零戦以前の、たとえば96式艦戦までは全面に銀色の塗装が標準だった。ところが、零戦は試作１号機から全面に灰鼠色の塗装をしている。理由は、銀色の塗装は塩害に弱いこと。

艦上戦闘機は空母を基地とする飛行機である。その戦闘機が塩害に弱いのでは話にもならない。そのため、塗装を変えたのである。海軍にとって、艦上機の塗装の色を変えるのも重要な意味をもつことなのである。

この灰鼠色塗装の零戦は、単独で見ると、白黒写真しか残っていないのでかなり明るく見える。だが、意外に塗装の明度が低いので、白い線の識別はそんなに難しくはない。

ちなみに、アメリカ海軍の戦闘機は、戦争中一貫してブルーに塗装されていたが、陸軍は太平洋戦争突入当時、茶と緑の迷彩塗装を施していた。これは、空から発見しずらくすることが目的だったが、開戦中ごろに登場したＰ－38、後半に活躍したＰ－51やＰ－47は、機体のジェラルミンにワックスを塗っただけの銀色である。

これは一説には、６０００メートル以上の高々度性能をよくするためらしい。メッサーシュミットＭｅ１０９があの迷彩塗装をやめたら、高度で５００メートル高く、速度は１０キロ速くなるとまでいわれている。つまり、塗装による重量の増加と空気抵抗がそれだけ性能を低下させるのである。だから、現代のジェット戦闘機は銀色のままなのである。

32 開発にはどんな人たちが携わっていたのか？

現実に零戦の開発を担当したのは、三菱重工名古屋航空機製作所のスタッフである。いまふうにいえば、プロジェクトチームを組んで12試艦上戦闘機の開発にあたったことになる。スタッフは昭和13年1月に決まったが、主要メンバーは96式艦戦のときとほぼ同じで、それ以外は思いきって若返りしている。平均年令は24歳という若さだ。

プロジェクトのチームリーダーといえるのが、設計主務者の堀越二郎技師。機体や部材強度の計算を担当する計算班には、堀越技師の右腕といわれた曾根嘉年をはじめとして東条輝雄、中村武。機体関連の構造班は曽根のほか吉川義雄、土井定雄、楢原敏彦、溝口誠一、鈴村茂雄、富田章吉、川村錠次、友山政雄。エンジンなどの動力艤装班にはベテランの井上伝次郎以下、田中正太郎、藤原喜一郎、産田健一郎、安江和也、山田忠見。武器関係などの開発を行なう兵装艤装班は畠中福泉、大橋与一、甲田英雄、竹田直一、江口三善、柴山鉦三、森川正彦。はじめての引き込み脚を担当することになった降着装置班には加藤定彦、森武芳、中尾圭次郎が配置された。

後年曽根は三菱自動車工業社長になるなど、キャリア組は戦後の三菱重工を背負って立つ人物が多かった。総勢28人のプロジェクトチームである。平均年齢は若いといっても、班長クラスはすでに堀越技師とずっと仕事をしてきた人なので、何も問題はなかった。

忘れてならないのは、三菱のテストパイロットであった志摩勝三、新谷春水の二人である。とくに、志摩は12試艦戦の初飛行を担当、その後は二人でテストを行なった。

このほかにも、海軍の航空本部で12試艦戦の計画要求書を作成し、開発から制式採用になるまで、試作、審査、実験などに次のようなメンバーがかかわっていた。

技術部長・和田操少将（のちの空技廠長）／第一課長（機体）・佐波次郎機関大佐、中村止機関大佐／第二課長（発動機）・多田力三機関大佐／第三課長（兵器）・長谷川喜一大佐／戦闘機主務・小林淑人中佐、和田五郎少佐、巌谷英一造兵大尉などである。

海軍航空技術廠（空技廠）からは花島孝一中将、杉山俊亮中将、加来止男大佐、飛行実験部の酒巻宗孝大佐、吉良俊一大佐、中島第三中佐、科学部の杉本修機関大佐、塚原盛造兵大佐、本宿哲郎技術中佐、飛行機部の飯倉貞造大佐、広瀬正経大佐、発動機部の松笠潔機関大佐、長野治技術大尉、兵器部の佐藤原蔵大佐、卯西外次技師などがかかわっている。

この間には人事異動があったりしているので、航空本部で12試艦戦に手を染め、空技廠に移って再びかかわった人もいる。また、横須賀航空隊戦闘機隊長の源田実少佐も計画要求性能作成時にかかわっていたのは、有名な話である。

33 零戦の設計図は３０００枚もあった?

設計主務者といっても、自ら設計図を書くわけではない。むしろ、海軍なり、陸軍なりの計画性能要求書に見合う飛行機を、どのようなコンセプトでつくり上げていくのかということにその能力を傾けていたのである。

たとえば、スピードを追い求めるのなら、航続距離は多少犠牲にしなければならないし、戦闘能力も低くならざるをえない。戦闘能力を求めるのならば、スピードは若干《じゃっかん》落ちることになる。相反することを、できるだけ両立させるように、ひとつの形につくり上げていくのである。

その方針が決まったら、設計に入る。設計主務者は設計図を描かないといっても、全体のラフスケッチは描かなければならないし、コンセプトのもっとも重要なデザイン上のポイントは描かなくてはならない。ラフもなければ、ことばで説明するしかないわけで、それでは自分の意志が相手に十分に伝えることはできないだろう。

ラフスケッチは人によって描き方がちがう。１本の線で上手に描く人もいるし、そうでない人もいる。零戦の設計主務者の堀越技師は、何本も薄く線を描いて、それでひとつの形をつくり上げていくタイプだった。それを元に設計に入るのである。

実際に設計にあたったのは、全国の旧制中学や工業学校出身者など、厳しい入社テストを通ってきた若い技手や図工たちだった。

設計のとき、工業学校では曲線は雲型定規を使って書くように教えられていた。しかし、三菱では雲型定規を使わせなかった。どんなにうまく組み合わせても曲線に連続性がなくなるからで、三菱は「バッテン」という１メートルほどの細長い棒を使っていた。これは檜《ひのき》製だが自由自在に曲げることができる。製図用紙の上にバッテンで曲線をつくり、重しで押えながら曲線を決める。これなら曲線は１本の線で描ける。

設計の担当者は、出来上がったのを堀越技師のところにもっていくと、「ここはどうにかならないか」といわれ、一度でＯＫがでることはなかったようだ。とくに重量のチェックは厳しく、小さな部品でも、少しでも軽くするために肉抜きの穴を強度上の問題がないかぎり、できるかぎり軽くする工夫を要求した。

零戦の設計図は３０００枚にのぼった。堀越技師がはじめて設計主務者としてでがけた７試艦戦は、結局採用にならなかったが、そのときでさえ２０００枚の図面が描かれたとみられている。零戦はその１・５倍の図面が描かれた。だが、１回でＯＫになった図面はほとんどないわけだから、実際はこの２〜３倍の図面が描かれたのではないだろうか。

34 零戦には12人の〝そっくり兄弟〟がいた!?

陸軍と海軍ではコードネームのつけ方もちがっていた。

陸軍では機種やメーカーによって分けるのではなく、試作機の計画順に一貫したナンバーをつけていた。よく見るのが「キ－××」という表記。このキは機体の略号だ。ちなみに、一式戦闘機「隼」は「キ－43」、「疾風」は「キ－84」。陸軍のコードネームには「ハ－××」というのもある。エンジンの試作の名前で、ハは発動機の略。安直だがわかりやすい。エンジンは陸海軍で同じものを使うので、海軍でも同じ呼び方をしていたが、実際はメーカーがつけたペットネーム「栄」「誉」「火星」「金星」などと呼んでいた。

これに対して、海軍は飛行機の種類によって表記していた。Aは「艦上戦闘機」、Bは「艦上攻撃機（爆撃、雷撃）」、Cは「艦上偵察機」、Dは「艦上爆撃機」などと区分されていた。たとえば、零戦なら「A6M」となる。艦上戦闘機としては6番目の機種ということになり、Mはメーカーの頭文字で、この場合は三菱を表す。中島ならN、川西ならKとなる。

零戦が1種類しかつくられなければ「A6M」でとおるが、実際は機体の形もエンジンも変わっている。そこで「A6M×」と孫番号がつく。何種類の零戦がつくられたのか、次にみてみよう（↓P97図参照）。

零戦は12試艦上戦闘機として２機つくられ、いずれも海軍に引き取られた。これが「Ａ６Ｍ１」となった。まだ零戦とは呼ばれずに、12試艦戦という名前だった。

その後制式採用が決まり、零式艦上戦闘機と名づけられたときには「Ａ６Ｍ２」として本格生産がはじまった。ただ、「Ａ６Ｍ２」といっても、これはコードナンバーである。実際はＡ６Ｍ２の初期型は「零式艦上戦闘機一一型」と呼ばれていた。「初期型」と断ったのは、零戦も進化する。途中で機体に手を加えたり、エンジンを変えたりもする。そうすると、同じ型ではなくなる。この数字も変更されることになる。

零戦の場合、一一型が64機製作された段階で、空母のレセスに入るように両端を50センチ折りたためるようにした。これは二一型となった。

数字のつけ方にもルールがある。機体に変更を加えたときには前の数字がひとつずつ大きくなる。エンジンを変えたときには後の数字が変わっていく。ちなみに、読み方も「じゅういち型」「にじゅういち型」ではなく「いちいち型」「にいち型」であり、数字によって機体が同じもの、エンジンが同じものがわかる。

昭和16年７月には零戦の主翼を空母のレセスの大きさにあわせるため、思いきって片側50センチ短くした。翼の先端のカーブもそれほどないことから、連合軍では零戦とはわからず別の戦闘機と判断したほどのものである。この機種は同時にエンジンもそれまでの栄一二型から二一型に変えたので、三二型となり、コードナンバーもA6M3となった。

翼を切った三二型は、運動性能が悪いのでパイロットに評判が悪く、ほぼ1年後の17年秋には翼も以前と同じ機体となった零戦がつくられ、二二型と呼ばれた。コードナンバーは同じである。三二型と二二型をくらべてみると、二二型のほうが数字が小さいので、一見古いように思われるが、実際は二二型のほうが三二型よりも新しいのである。

この後、翼は初期より両端で1メートル短くしたものの、全体的には初期の翼に近くリファインした機体をもつ五二型（A6M5）を登場させた。機体構造の変更にともなうわけだから、三二型の次としては四二型になるはずだったが、四二は「死に」につながるとして欠番にした。このため、三二型から一挙に五二型になったわけである。

五二型は、主翼内の20ミリ機銃が銃身の長い99式2号4型に変え、従来の100発入り0型弾倉をベルト式125発給弾とした五二型甲（A6M5a）、胴体右側の7・7ミリ銃を13ミリ銃に変えるとともに、風防の前面を防弾ガラスにした乙（A6M5b）、主翼の脚取り付け部の両外側に13ミリ機銃を各1挺ずつ装備し、座席後方に140リットルの防弾タンクを増設した丙（A6M5c）がある。

零戦の本格生産はこの五二型丙までといっても過言ではない。

これ以後も五二型丙のエンジンを水・メタノール噴射《ふんしゃ》の「栄三一型」に変えた五三型丙（A6M6c）の水平安定板を補強し、胴体下に250キログラム爆弾を投下装置をつけ、増量タンクは主翼の下に2個つけることにした六三型（A6M7）、中島のエンジン製作所が空襲で爆撃を受けたことから生産が低下したことに加え、エンジンの性能向上をめざして三菱の「金星六二型」を五二型丙の機体を改造したものに換装した試作機五四型丙（A6M8c＝うまくいけば六四型として生産する予定だったが、その前に戦争が終わってしまった）と、つぎつぎと計画されて試作はされたが、実戦で使われることはなかった。

零戦は実戦で使われた五二型丙までで9種類がつくられている。このほかに、試作機といえるものが3種類あったので、全部で12種類存在したことになる。

これ以外にも、複座の練習機や零戦にフロートをつけた水上機がつくられたりと、零戦を基礎とした飛行機まで入れると種類はまだ増える。

それにしても、翼を短くした零戦の評判はよくなかった。南方にも五二型が配備されるようになると、ベテランパイロットが五二型に、若いものは二一型に乗って戦うことが多かった。新しい零戦だからベテランが使ったのではない。五二型は運動性能が悪いので、若手では乗りこなせないと判断したからだ。事実、空戦では五二型に乗ったベテランが撃墜されることが多かったのに、二一型の若手は敵を撃墜して引きあげてきた。

35 零戦〝そっくり兄弟〟にも見分けかたがある

単座の、いわゆる本来の零戦だけでも12種類ある。海軍は第2次大戦を零戦だけで戦ってしまったといっても過言ではないため、こんなに種類がある。改造もほんの小さなところから大幅なものまで、あらゆる部分にまでおよんでいる。外観から簡単に見分けられるものもあれば、マニアでなければ見落とすところまである。

いちばんわかりやすいのが12試艦戦。プロペラが2枚羽根だったからだ。それにエンジンをカバーする「カウリング」の上にキャブレター用エアインテーク（空気取り入れ口）がついていた。アンテナも長く、前傾がきつい。水平尾翼の位置もうしろについていた。

一一型になると、3号機まではプロペラが2枚羽根のままだが、4号機以降は3枚羽根になる。エアインテークもカウリングの下におちょぼ口を突き出すようにつくようになった。水平尾翼の位置も12試艦戦と比べるとかなり前の位置に改造された。

二一型は、空母に搭載できるように主翼の両端を50センチずつ折れるようにし、それまではついていなかった「着艦フック」を装備した。これで本当に「艦上戦闘機」になった。

三二型になると、丸くなっていた主翼の先端を50センチずつ短くし、翼の先端が直線的になる。カウリングも、それまでは上面に７・７ミリ機銃の弾条溝《だんじょうこう》が機体のところまで長くつづいたのが、弾丸の発射する部分だけ穴をあけたタイプに変わった。同時に、エアインテークも空気流入量を増やすためにプロペラ回転部のすぐ上に移した。

二二型はカウリングなど変更した部分はそのままに、主翼だけを二一型とほぼ同じ折りたたみ型に変更した。

大きな変更は五二型である。主翼を折りたたまなくてもよいように片側50センチずつ短くしながらも、三二型とは異なり翼端を一一型のように丸みを帯びたものに改造している。これにともない、補助翼やフラップも改修した。さらに、これまで集合排気管だったものを、単排気管にして排気を後方に高速で噴き出すロケット排気管に改めた。カウルの後方から単排気管がいくつもでているのを見ると、これまでの美しく整った零戦から、野武士のようなイメージの零戦に生まれ変わったような気がする。結果、水平速度ではじめて３００ノット（５５５キロメートル）を超した。銃身の長い20ミリ機銃を採用したのもこの型からだ。

五二乙型は機首上部の７・７ミリ機銃を13ミリ機銃に変えている。このため、カウルの銃口も必然的に変わっている。この機種には風防の正面ガラスに防弾ガラスを追加した。攻める一方から「防御」を考えはじめたわけである。この型から、増槽は主翼の下に１５

0リットル入りのものを吊ることも可能となった。機体の下には爆弾を装着することにしたからだが、だんだんと零戦ではなくなっていくようで、寂しい気がする。

五二丙型になると、胴体には7・7ミリ機銃を1挺だけにして、主翼20ミリ機銃の外側に3式13ミリ機銃が1挺ずつ追加された。そして主翼の下には30〜60キログラムの爆弾、あるいはロケット爆弾2個ずつを吊る装置が取りつけられた。片翼に13ミリと20ミリの機銃をそれぞれ各1挺ずつもって、いかにも攻撃的な戦闘機という感じがする。しかし、現実には飛行性能は零戦の各型のなかで最低だったともいわれ、特攻に多く使われた。

六三型は、五二丙型のエンジンが「栄三一型」に変わっているが、外観からはあまりはっきりと識別できない。ただ、エンジンが変わったのにともない、エアインテークを大きくしたためカウリングが上にせり出したようになったこと。五二丙型とはっきりちがっているのは、主翼中央部の下に埋め込み式の爆弾懸吊架《けんちょうか》があることだ。

五四丙型は、六三型のエンジンを三菱製の「金星」に換装した。中島のエンジンから三菱のエンジンになったことで、カウリング、排気管、潤滑油冷却器、それにエンジンにつづく胴体の前部、風防前部などが再設計されて変わった。とはいっても、一見しただけではすぐには判別できない。それでも、機体を見てすぐに五四丙型とわかるのは、胴体内に機銃がないため、カウリングに機銃の発射口がないことだ。

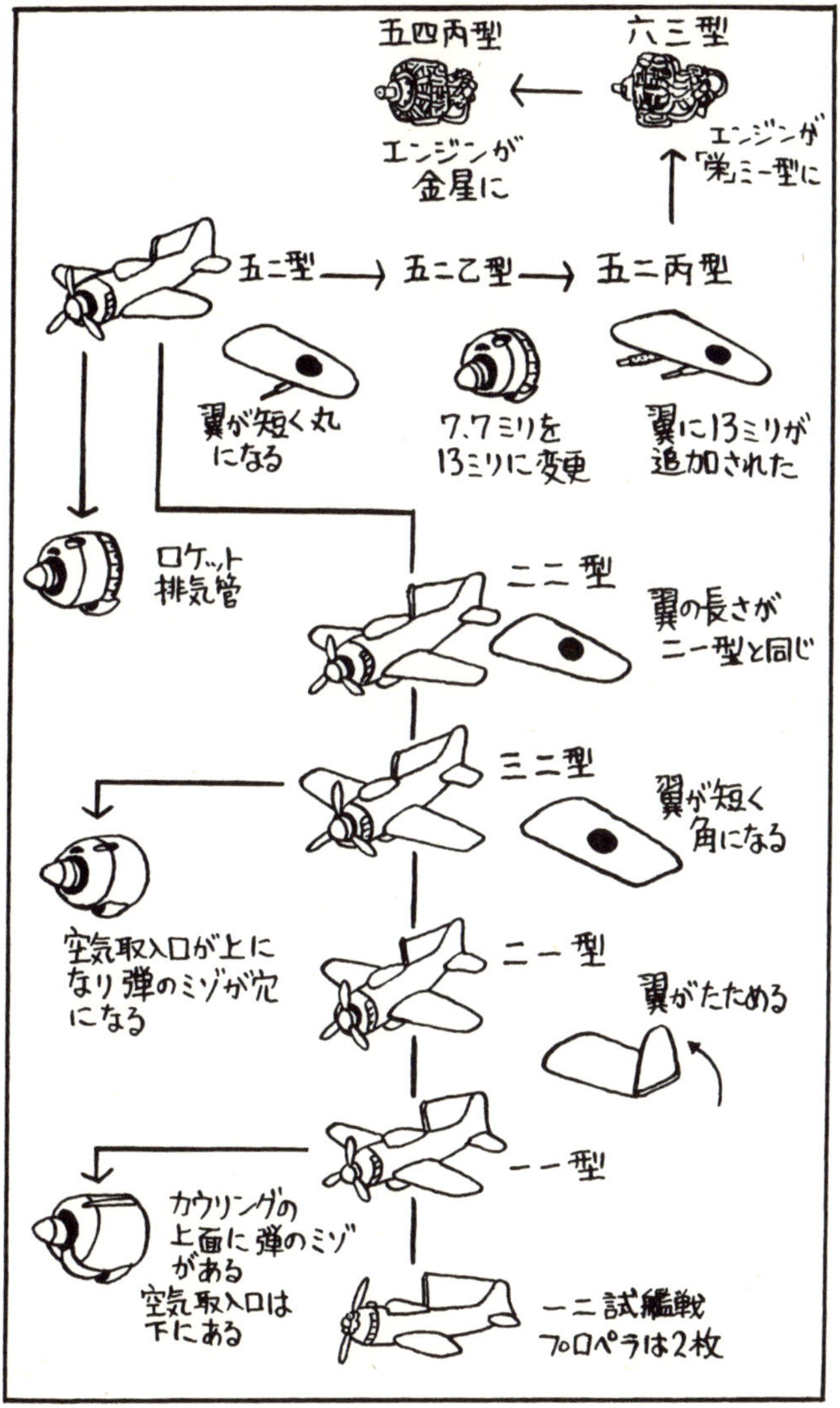
五四丙型
六三型
エンジンが
金星に
エンジンが
「栄」三一型に
五二型
五二乙型
五二丙型
翼が短く丸
になる
7.7ミリを
13ミリに変更
翼に13ミリが
追加された
ロケット
排気管
二二型
翼の長さが
二一型と同じ
三二型
翼が短く
角になる
空気取入口が上に
なり弾のミゾが穴
になる
二一型
翼がたためる
一一型
カウリングの
上面に弾のミゾ
がある
空気取入口は
下にある
一二試艦戦
プロペラは2枚

36 零戦1機の値段はベンツ何台ぶんか?

昭和10年前後の戦闘機の価格は、量産機で3万円強、試作機は軍の予算の関係から、開発費も含めて7万円くらいだった。

それから約5年後の零戦になると、最先端の素材「超々ジュラルミン」を使い、兵装も7・7ミリ機銃2挺に、20ミリ機銃2挺と強化されたことなどもあり、機体価格は三二型で約5万5000円にも跳ね上がっている。それが五二型になると、7〜8万円にもなっていた。

堀越技師が零戦の次に手がけた雷電は、年代も零戦三二型よりも1年以上あとになるが、価格は7万円であったと推定される。

雷電よりもさらに1年ほどあとになるアメリカ軍のP-51ムスタングは、機体価格が2万〜2万2000ドルだった。ドルと円の為替相場は、1941年頃で1ドル=4〜4・5円だった。ムスタングが生まれた1944〜1945年頃になると、戦況の悪化もあって、1ドル=6円くらいになっていたと思われる。それで計算すると、ムスタング1台の価格は12万円強となり、零戦五二型よりも1・5倍以上する計算になる。

飛行機だけでなく、工業生産品は同じものを大量に生産すると、量産効果でコストは低下する。零戦はわが国のインフレのため機体価格は7〜9万円と上昇しているが、ムスタングは逆に1万4000ドルと3割も安くなっている。

零戦の価格をいまの貨幣価値に当てはめるといくらになるのか。昭和9〜11年を1とすると、消費者物価指数は東京区部の平成17年暦年で、総合指数は1785・7となる（総務省統計局）。戦争中は統制価格だったので、物価の値上がりなどは大胆に無視するとすれば、7万円した零戦の現在の価格は1億2500万円となる。

航空自衛隊の支援戦闘機ロッキード・マーチンF－2は、最大速度マッハ2で、20㎜バルカン機関砲を1基搭載している。1機の値段は平成15年価格で111億2233万円。1機のF－2で零戦は95機生産できる勘定だ。

では、世界の高級車のメルセデス・ベンツとくらべてみると、どうだろうか。最高峰のSクラスのS500で1260万円。また、メルセデスには専門のチューニングメーカーともいえるAMGがある。AMGの手を加えたSL65AMGは2704・5万円である。零戦1機はメルセデスのS500　10台分、SL65AMGなら5台分の値段である。ところで、メルセデスは車は左側通行の日本で左ハンドル車を平然と販売している。買う人がいるからだろうが、交通往来の安全という観点を軽視しているように思えて仕方がない。

■コラム① 日本の撃墜マーク

戦闘機のパイロットになったら、敵機を何機撃墜させるかが目標になる。5機以上を撃墜させると「エース」の称号を与えられる。せっかく戦闘機乗りになったのだから、エースになりたいという気持ちはだれにでもある。

敵機を何機撃墜したかを示すのが、撃墜マーク。落とした敵機の数だけの撃墜マークを機体に書き込む。この数の多いことがパイロットにとっての勲章になる。一時期、当時の大洋ホエールズのバッターがホームランを打った数だけヘルメットの横にマークをはっていたことがある。あれなどは撃墜マークと同じ発想だ。

撃墜マークを書き込むところは、操縦席の横だったり、垂直尾翼だったりと、ここでなければならないというものはなかった。

撃墜マークも、これと決まってはいなかった。日本軍がよく使っていたのは、丸に星の形をくりぬいたアメリカ軍の識別マークや、インディアンが使ったような斧、桜をデザインしたものなどである。

それじゃ、アメリカ軍の撃墜マークはというと、日の丸である。エースはエースを知るという。戦場ではたがいに敬意をはらいながら戦ったのだろう。

第2章　「零戦」攻撃力の謎

訓練中の「零式練習用戦闘機一一型」

帰還した「二式水上戦闘機」

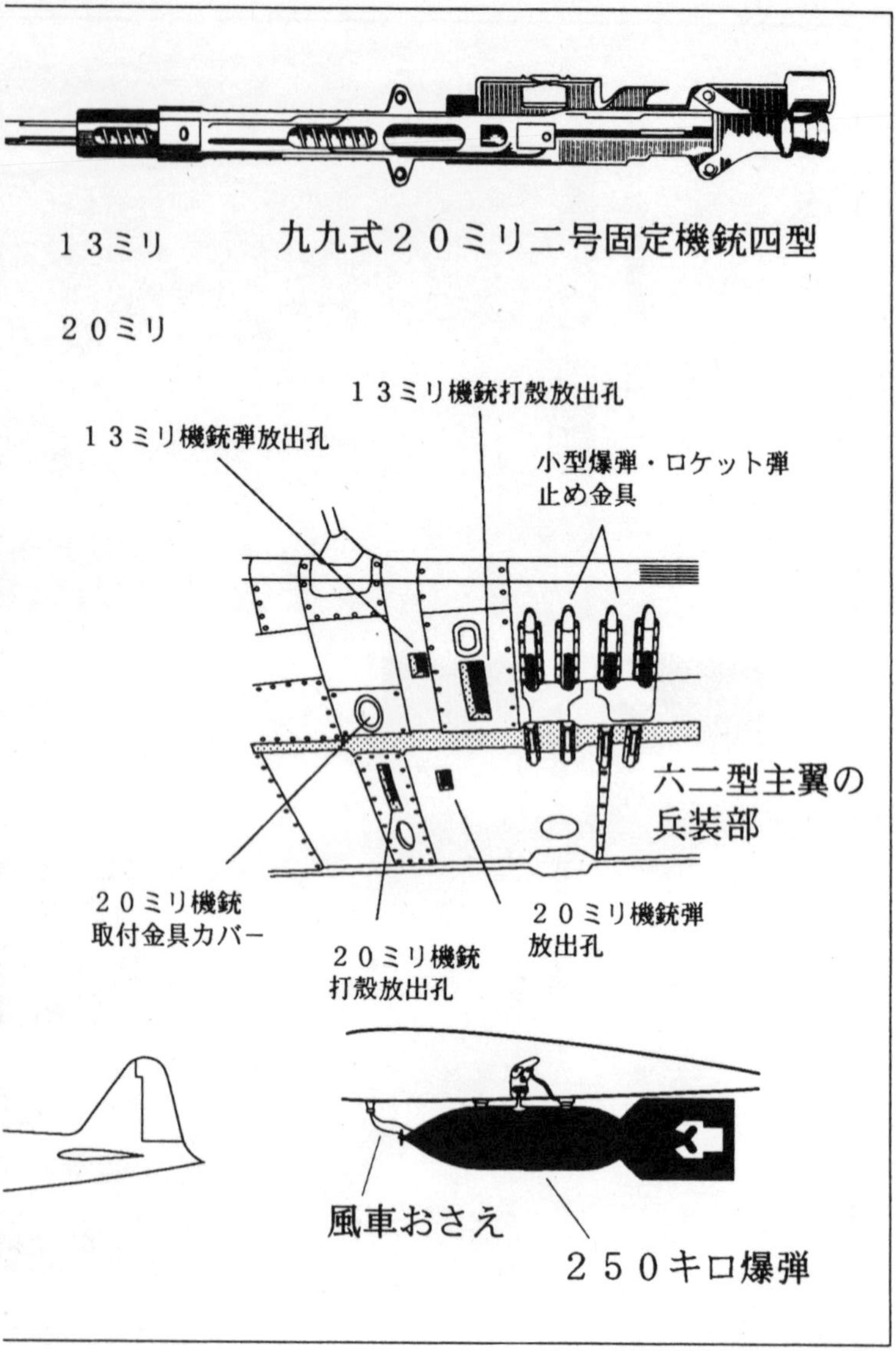
九九式２０ミリ二号固定機銃四型
１３ミリ
２０ミリ
１３ミリ機銃打殻放出孔
１３ミリ機銃弾放出孔
小型爆弾・ロケット弾
止め金具
六二型主翼の
兵装部
２０ミリ機銃
取付金具カバー
２０ミリ機銃弾
放出孔
２０ミリ機銃
打殻放出孔
風車おさえ
２５０キロ爆弾

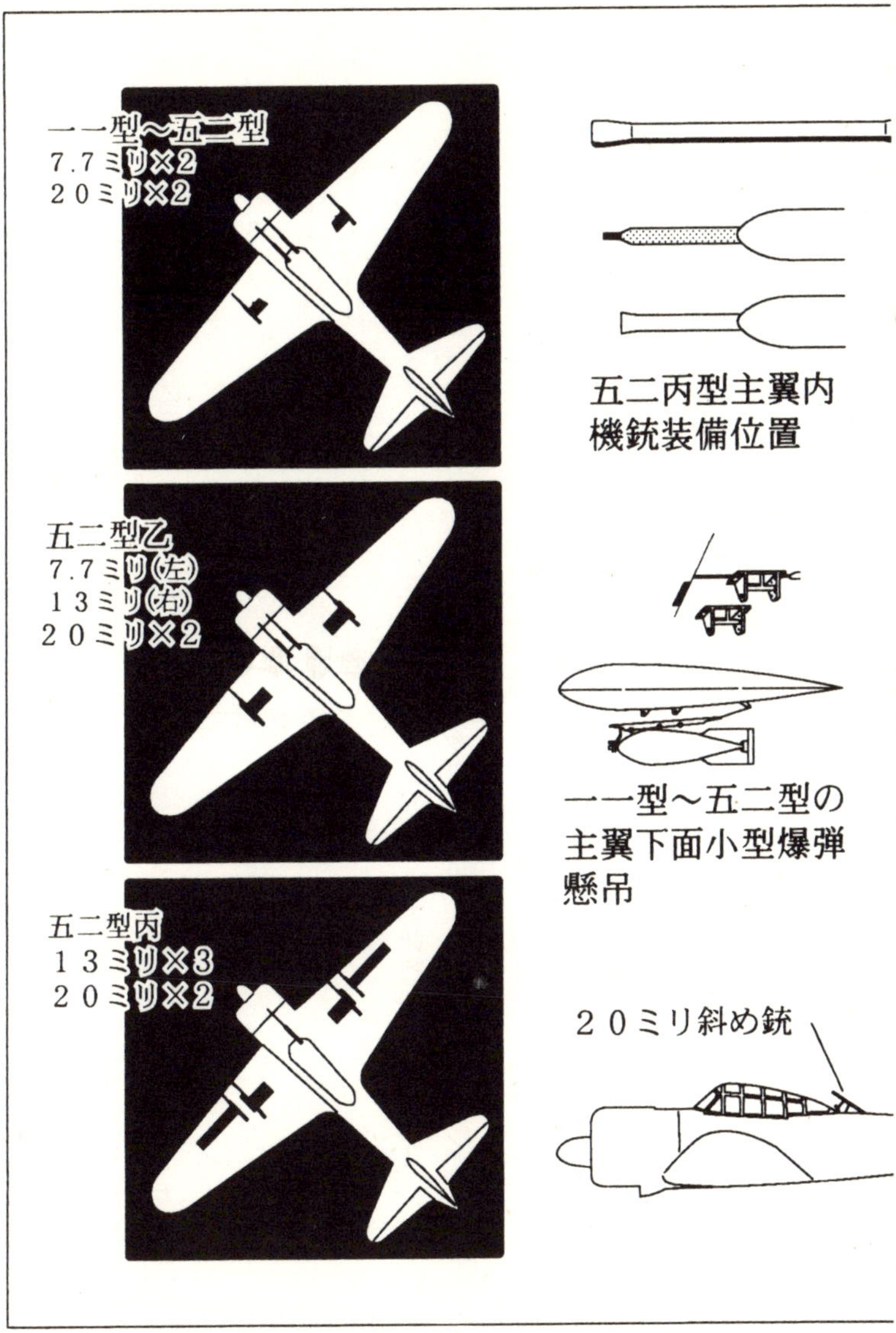
一一型～五二型
7.7ミリ×2
20ミリ×2
五二型乙
7.7ミリ(左)
13ミリ(右)
20ミリ×2
五二型丙
13ミリ×3
20ミリ×2
五二丙型主翼内
機銃装備位置
一一型～五二型の
主翼下面小型爆弾
懸吊
20ミリ斜め銃

37 零戦はどんな機銃をもっていたのか？

零戦の武装は、機銃と爆弾の2つである。それも型式によって多少ちがっている。爆弾については別のところで触れるので（↓P110参照）、ここでは機銃だけ見てみよう。

機銃は、原則的には7・7ミリ機銃2挺と20ミリ機銃2挺がベースになっている。一一型から二二型までは、7・7ミリ機銃2挺が胴体にあり、20ミリ機銃2挺は主翼内にあって、銃口も翼からでていなかった。

五二型になると、7・7ミリ機銃は変わらないが、20ミリ機銃は銃身が長くなって、銃口が翼からとびだしている。五二乙型になると、主翼内の20ミリ機銃は変わらずに、胴体内の7・7ミリ機銃2挺のうちの右側の機銃が13ミリ機銃に変わって、攻撃力を強化した。五二丙型では、胴体左側にあった7・7ミリ機銃を取り払って、右側の13ミリ機銃1挺として、その代わり主翼内に20ミリ機銃の外側に13ミリ機銃を1挺ずつ2挺追加した。13ミリ機銃3挺と20ミリ機銃2挺の武装に強化したのである。

20ミリ機銃を積んでいた戦闘機は、当時はスピットファイアーやメッサーシュミットMe109があった。アメリカ軍の戦闘機は、20ミリ機銃をテストしてみたものの、12・7

ミリ機銃のほうが発射のときの弾の速度も速く、装備の数も多くとれるということで、12・7ミリ機銃に統一していた。

日本では、単座の戦闘機で20ミリ機銃を採用したのは、零戦が最初である。初期に搭載した20ミリ機銃は、99式１号１型で銃身長が７６０ミリで、初速が６００メートルだった。五二型以降は99式２号４型となり、銃身が１２００ミリに伸び、初速も７５０メートルと威力は増した。同時に命中の精度も高まった。

ユニークな武装をもった零戦もある。夜間防衛型の零戦で、20ミリ機銃をキャノピーのうしろの胴体から前方30度上方に銃口を向けたものである。前方に対して真っすぐに取りつけたものと、胴体横に取りつけて上方30度、左方向30度に向けたものと２種類あった。２号４型機銃（携行弾数約１７０発）を五二型に搭載したのが多く、胴体の７・７ミリ機銃はそのままに、主翼内の20ミリ機銃は取り外していた。腰の刀を背中に背負った佐々木小次郎を思い出させるような零戦だ。海軍の各航空廠で改造されたため、型式は特別につけられていない。主にＢ－29の要撃に使われ、効果もあったといわれている。

悔やまれるのは、日本軍は最初から12・7ミリ機銃を搭載しないで、威力の劣る７・７ミリ機銃にしたこと。戦争後期には、20ミリ機銃を撃ちつくしてしまうと、７・７ミリ機銃だけでは防御を施したアメリカ軍機を撃墜するのには苦労していた。

38 20ミリ機銃は1分間に何発撃てたか？

前に触れたように、型式によって搭載している機銃もちがう。

一一型と二一型は、7・7ミリ機銃2挺に、20ミリ機銃2挺を搭載していた。弾丸は、7・7ミリ機銃が各680発、20ミリ機銃は各60発で、リボルバー式の拳銃20丁ぶんの弾丸しかない。全部あわせても1480発しかない。飛んでいる途中で補給することはできないだけに、機銃の発射は慎重にしなければならない。

それにしても、20ミリ機銃の弾丸は少ない。円形の弾倉に入れられていたが、発射速度は1分間に520発である。ダダァーッと発射したらすぐになくなってしまう。十分相手に近づいて少ない弾丸数で仕留めるのが、腕のみせどころでもった。

ただ、この20ミリ機銃はよく故障した。まだ弾丸があるはずなのに、突然出なくなることもよくあったようだ。

三二型になると、機銃の搭載数などは変わらないが、20ミリ機銃の弾丸数が、60発から100発に増えた。60発入り弾倉を容積を増やして100発入りにした。このため、翼の上下の両面にふくらみができるので、飛行機の技術屋さんからは嫌われたが、パイロットからは弾丸の数が増えたので歓迎された。これで弾丸の数は1560発になった。二二型は三二型と同じである。

五二型になると、20ミリ機銃が銃身の長い機銃に変わるものの、マガジン式のままで弾丸の数は変わらない。五二甲型になって、20ミリ機銃がベルト給弾式になり、それぞれ125発に増える。この型までは7・7ミリ機銃が変わらないから、1610発になる。

五二乙型になると、胴体の右側の機銃が13ミリに変わった。携行できる弾丸の数も230発になる。左側の7・7ミリ機銃の680発は変わらないし、翼の20ミリ機銃の弾丸数も変わらない。だから、実際は1160発と大きく攻撃力は落ちた。

五二丙型は、20ミリ機銃の外側に13ミリ機銃を1挺ずつ追加した。そして、胴体の7・7ミリ機銃を取り払って13ミリ機銃1挺だけにした。胴体内の13ミリ機銃の弾丸数は同じだが、翼内のものは240発である。全部あわせても960発と1000発にとどかない。機銃の口径は大きくなっても、弾丸の数が減っているのだから、攻撃力は向上したとはいいにくい。

アメリカ軍はすべて12・7ミリ機銃に統一しており、携行できる弾丸の数は多い。P-40ウォーホークは全部で1686発だし、F4Uコルセアは片翼に3挺の12・7ミリ機銃を持ち、総弾数は2300発である。いつまでも零戦の優位がつづかないわけだ。

39 零戦に搭載できる爆弾は60キロまでだった?

零戦が搭載した爆弾の種類は、搭載できる能力と用途によって数多くある。爆弾の正式な名称は、たとえば99式3番3号爆弾とか、3式6号陸用爆弾などと呼ばれていた。99式、3式とは、軍に制式採用になった年を(もちろん紀元〇〇年である)、3番、6番とは爆弾の重さ、3番なら30キログラム爆弾、6番なら60キログラム爆弾をあらわしている。最後の3号とか陸用爆弾とは爆弾の種類を示している。

爆弾の種類は、通常爆弾と特殊爆弾に別れる。そして通常爆弾には陸上の施設用と艦船の攻撃用の2つがある。陸上の施設を攻撃する爆弾は、貫徹力《かんてつりょく》はあまりないが炸薬量《さくやくりょう》を多くして炸裂《さくれつ》威力のある爆弾である。艦船攻撃用は、貫徹力の大きい爆弾で、3式25番4号爆弾では厚さ125ミリの鋼板を貫くことができた。

特殊爆弾にはユニークなものが多い。99式3番3号爆弾は、黄燐《おうりん》入りの弾子145個を内蔵した飛行機攻撃用の爆弾だ。敵編隊の上空で投下すると、時限発火装置の働きで空中で爆発、弾子が飛散して敵の飛行機にあたると、撃墜できるというものだ。3式1番28号爆弾は、ロケット式の爆弾である。99式3番3号爆弾のように不特定多数にめがけて投下するのではなく、現在の戦闘機が使っている空対空ミサイルのようなもので、敵機に向けて直接撃ち込んだ。毎秒400メートルのスピードで発射できた。

これら数ある爆弾を、すべての零戦が搭載できたわけではない。最初の設計時にどのような武装をするのか決まっていたので、型式によって搭載できる爆弾は少しずつちがう。最終型に近いほど、いろんな爆弾が搭載できるように改良されている。

零戦は戦闘〝爆撃〟機ではなく、戦闘機である。だから、初期の型にはそれほど爆弾を搭載する設計にはなっていない。一一型と二一型は両翼下に60キログラム爆弾を1発ずつ搭載できただけである。翼が小さくなった三二型では、30キログラム爆弾1発ずつになり、翼が元に戻った二二型でも30キログラム爆弾のままだった。

五二型は、30キログラム爆弾か60キログラム爆弾を1個ずつ搭載できるようになっていた。これはいままでとあまり変わらない。ところが、五二丙型になると、30キログラム爆弾の場合は左右2発ずつの計4発、60キログラム飛行機攻撃用爆弾か、60キログラムロケット散弾の場合は計2発、10キログラムロケット爆弾の場合は10発を搭載できるようになっていた。試作機といってもいい六三型になると、胴体下に250キログラム爆弾の搭載装置を設けていた。二一型や五二型ではこの爆弾を積むために改造していた。ところが投下することはできない。特攻に使うためだから投下できなくてもよかったのだ。

40 零戦とリニアモーターカーはどっちが速い？

零戦は、1000馬力級のエンジンを積んだ戦闘機としては、スピードは速かった。零戦の活躍が相次いで伝えられたころ、陸海軍戦闘機性能コンテストが行なわれた。出場したのは、零戦一一型、キー43（隼）、キー44（鍾馗）である。

零戦一一型の最高時速は、288ノット（533キロメートル）である。速力については、スペックからでは1260馬力を発揮して295ノット（546キロメートル）はでるといわれたキー44には勝ち目はないはずである。ところが、実際には少しも劣らずに、キー43には圧倒的に勝っていた。エンジンを換装して、翼を切った三二型は、翼が短くなったぶんだけスピードもあがり、292ノット（540キロメートル）になった。

五二型までは、現在の自動車と同じように、14気筒あっても、排気管は2つにまとめられた集合管だった。五二型になると、排気ガスを推力に使う「ロケット方式」といわれる推力式排気管に変更した。その結果、最高時速は13ノット向上して305ノット（565キロメートル）になった。これは、終戦直前に三菱の金星エンジンでつくられた五四丙型の最高スピードと同じで、もっとも速かった。

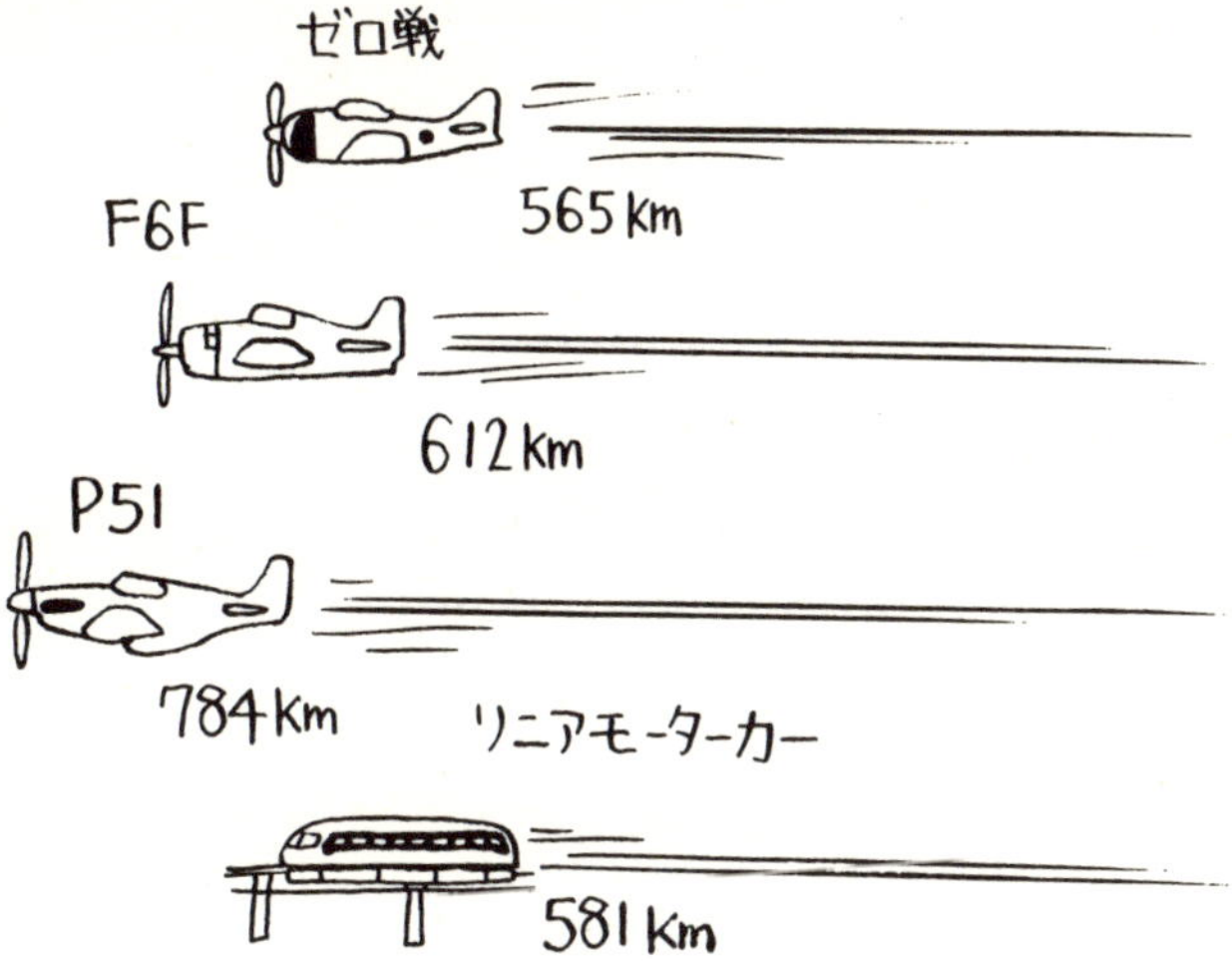

五二型が登場するころ、３００ノットを超える飛行機もでてくる。雷電三三型３３１・８ノット（６１４・５キロメートル）、疾風３３７ノット（６２４キロメートル）などである。

アメリカのＦ４Ｕコルセアは３３９ノット（６２８キロメートル）、Ｆ６Ｆヘルキャットは３３０ノット（６１２キロメートル）、Ｐ－51ムスタングにいたっては、４２３ノット（７８４キロメートル）というとてつもないスピードをだしている。

ＪＲ東海が山梨で走行テストを繰り返しているリニアモーターカーは平均時速５５０キロメートルでの運転を想定している。これまでの最高速度は２００３年12月２日にだした５８１キロメートル。わずかだが零戦よりも速いスピードで地上を走ったことになる。

41 零戦は羽田空港からどこまで飛べるのか？

零戦は落下増槽タンクをつけるというまったく新しい発想で、航続距離をのばすことができた。

零戦に要求された航続力は、正規状態で高度3000メートルのとき、公称馬力で1・2～1・5時間、増設燃料タンクをつけた過荷重状態では1・5～2時間、巡航で6時間以上というものだった。

零戦の初陣は中国の漢口から重慶までの往復2000キロメートルを飛ぶという、従来の戦闘機では考えられなかった行程だった。零戦一一型はこれをらくらくとやってのける能力はあったが、慎重を期して途中前線基地に寄りはしたものの、重慶まで飛んで無事に戻ってきた。

昭和16年秋には、アメリカとの戦争突入を目前にして、大量の零戦が台湾の南部基地に集まっていた。台湾からフィリピンのルソン島までの約450カイリ（833キロメートル）を空戦をしたうえで、ノンストップで往復するため、零戦の行動能力遠伸と空戦訓練を行なっていたのである。

訓練の結果、12時間飛行や10時間飛行での燃料消費の平均が毎時80〜85リットルというすばらしい成績を上げている。ちなみに、「大空のサムライ」などの著書がある、坂井三郎機は毎時67リットルを記録している。坂井氏は自著のなかで、このときの条件は高度4000メートル、巡航速度は計器読みで115ノット（213キロメートル）だった。

零戦の航続距離がのばせるのは、だいたい高度3000〜4500メートル、スピードは120〜140（222〜260キロメートル）ノットのとき。したがって、パイロットは通常、巡航するときはこの範囲で飛んでいた。

零戦でもっとも航続力があるのは、台南航空隊などが使っていた一一型と二一型の、初期のタイプである。機体内の燃料タンクだけで525リットルもあり、これに増槽をつけると燃料は855リットルも搭載できる。坂井氏の記録した燃料消費量だと、じつに12時間45分も飛び続けることができる計算になる。

一一型の航続距離は、正規状態で1200カイリ（2222キロメートル）である。これに増槽をつけると、1891カイリ（3502キロメートル）までのびる。

増槽をつけた零戦で羽田を飛び立つと、ベトナムの首都ハノイ、フィリピンのリゾート地セブ島までいけるのだ。ハノイで生春巻を食べるか、セブ島でのんびりすごすかは、あなたの考えひとつだ。

42 零戦はジャンボジェットの巡航高度まで上がれたのか？

零戦は、改造のたびに重量が重くなった。栄一二型エンジンを積んだ零戦一一型の重さは1671キログラムだった。エンジンの出力を上げた栄二一型エンジンに変えた零戦三二型は、翼の両端を切ったため、機体の重さは約20キログラム軽くなったが、出力が上ったぶん、エンジンの重さが約90キログラム、これにともなったカウリングの再設計で、その重量が増加し、結局、重さは1804キログラムになっている。

改造を加えると重くなるという悪循環に陥っており、零戦の場合は新しくなればなるほど高性能になっているとはいえない。実際に、航続力は新しくなればなるほど落ちているし、最後の量産型となった五二丙型はスピードも遅く、上昇力も劣る。パイロットからは最低の零戦とこきおろされた。

そんななかで、新しい型式になるほど向上したのが、実用上昇限度。一一型では1万8メートルだったのが、三二型では1万1050メートル、五二型では1万1740メートルと、新型になればなるほど、高々度まで達することができるようになった。最低の零戦五二丙型は五二型には劣るものの、三二型と同じ数値で、ようやく面目を保っている。

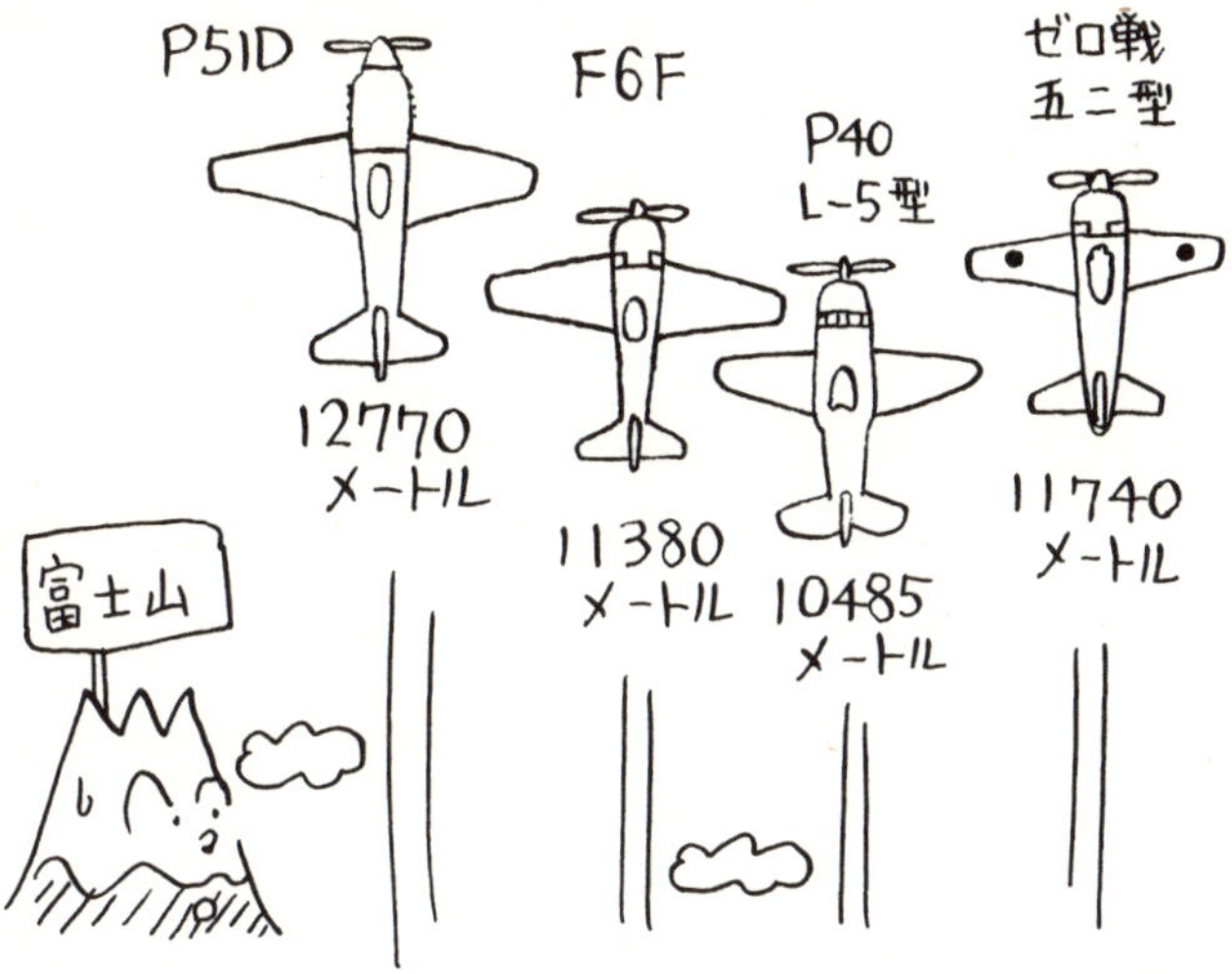

零戦の実用上昇限度の１万１７４０メートルは成層圏にも達し、富士山の３倍強の高さである。

零戦のライバルたちでは、Ｐ―40ウォーホークはＬ－５型が１万４８５メートルが最高で、Ｆ６Ｆヘルキャットでも１万１３８０メートルと、零戦におよばない。

また、Ｐ－51ムスタングは、初期型では１万メートルにも達しなかったが、Ｐ－51Ｄでは１万２７７０メートルまで到達でき、零戦を上回った。Ｐ－47サンダーボルトでは、１万２８００メートルと、もっとも高くまで上昇できた。

ジャンボジェットの巡航高度は約１万メートルだから、零戦はそれを上回る高さまで上昇できたことになる。

43 零戦の巡航高度はチョモランマより低かった?

航続距離をのばすのには、先にも書いたように、高度3000〜4500メートル、時速120〜140ノット(222〜260キロメートル)が最適な条件である。したがって、巡航高度やスピードはこの範囲だった。その後高速での移動の要求もでて、時速は160〜180ノット(296〜333キロメートル)にスピードアップした。

零戦の写真集などをみると、富士山をバックに飛んでいる写真もある。それを見ると、山のてっぺんが白く雪におおわれた富士山の下を零戦が飛んでいる。霞が浦か横須賀を飛び立って西に移動中の零戦だから、高度は3000メートルくらいだろう。

また、別の写真では雲海すれすれを飛んでいる零戦もある。高度の特定をするのは難しいが、雲の種類によっては4000〜5000メートルくらいだから、その少し上を飛んでいるわけだ。

アメリカ軍のカーチスP‐40の巡航高度は、3300〜4000メートルだから、零戦とほぼ同じである。

ヒマラヤ山脈のネパールと中国のチベット自地区の国境にあるチョモランマは、世界の

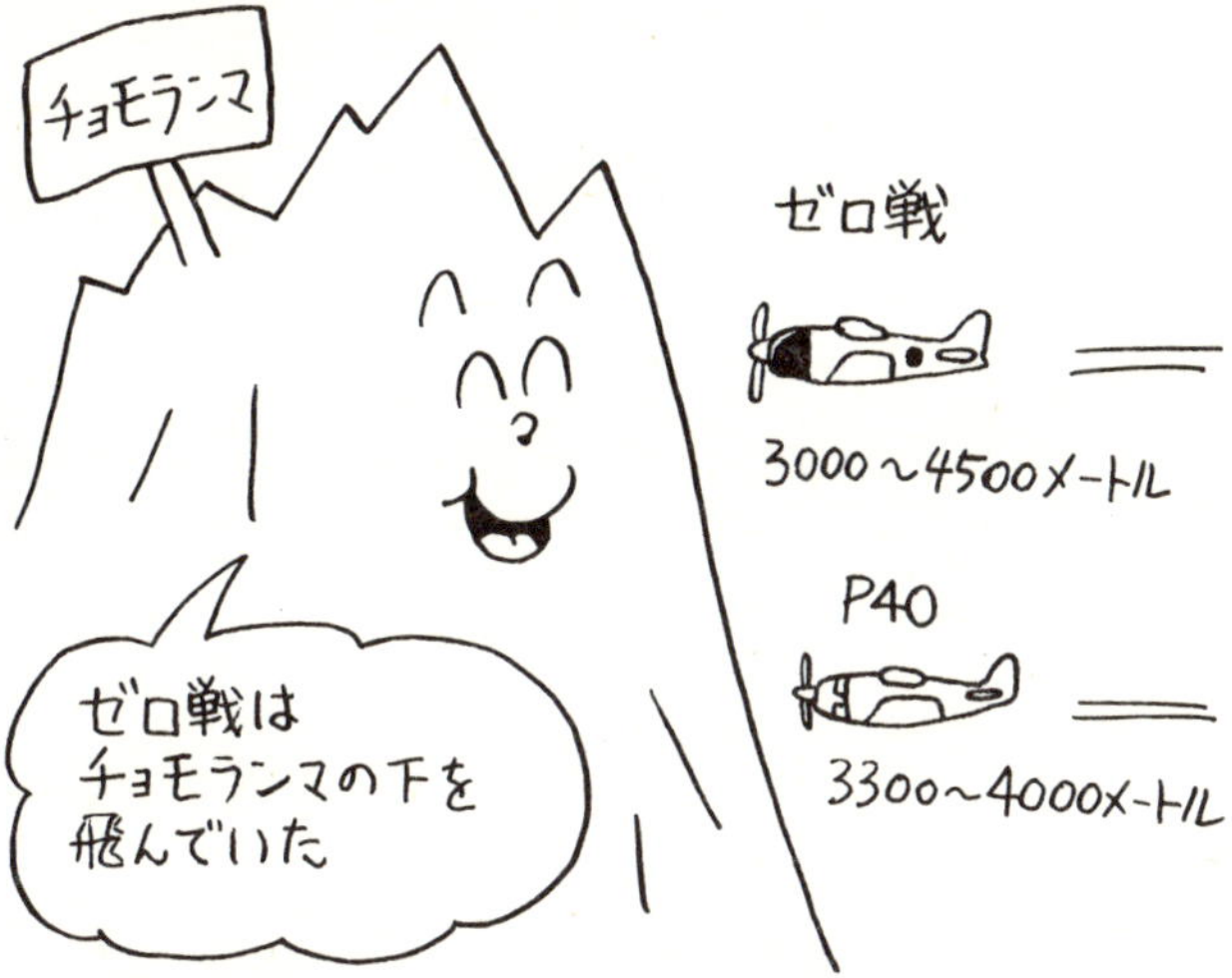

最高峰で、以前はエベレストといっていたが、いまはチベット語名のチョモランマというのが一般的になっている。高さは８８４８メートルもある。零戦の巡航高度の2倍もある。ほぼジャンボジェットの巡航高度である。

巡航高度はあまり高くないので、敵を待ち伏せするときには６０００メートルくらいの高度をとり、急降下で相手に突っ込む。このとき、太陽を背にしてできるだけ相手に見つからないようにするのが定法だった。

アメリカの大型爆撃機のＢ－17、Ｂ－24、Ｂ－29などはほぼチョモランマの高さから、爆弾の雨を降らしていた。

そんなときに迎え撃つためには、零戦も高度をとるが、それ以外は、あまり高々度はとらなかった。

44 零戦が格闘戦に強かった意外な技術とはなんだ!?

飛行機も自動車もエンジンで動く。当時の飛行機のエンジンはいまの自動車と同じレシプロエンジンである。エンジンにちょうどよい混合気を送るのはキャブレターであることまでは同じだ(最近はキャブレターを使わない燃料噴射装置つきのエンジンも増えたので、自動車とくらべるよりはバイクのエンジンとくらべたほうがわかりやすい)。当時のはフロート式キャブレターだった。

クルマやバイクは平地を走るので問題ないが、飛行機、とくに戦闘機は急降下もすれば急上昇もする、背面飛行や宙返りもする。状況に応じて、いつでも最適な混合気をエンジンに送り続けなければ、エンジンは止まるか不調になってしまう。戦闘時にこんなことになったら、戦わずして負けてしまう。

零戦の「栄」エンジンをつくった中島は、キャブレターの技術でも、日本では進んでいた。その中島が、飛行機の状態がどんなときでもきちんと燃料を送り続けることのできるキャブレターを開発した。飛行機にはそのときどきによって、プラスG(上昇するとき)、マイナスG(背面飛行のとき)、ゼロG(急降下するとき)がかかる。すると、キャブレターに流れる燃料の量もちがってくる。それを安定的に供給する装置をつくり上げたのである。詳しく述べると専門的になりすぎるので、ここでは省略する。

一方、そのころのアメリカの飛行機に使われていたキャブレターは、急降下飛行のときに使用するマイナスGに対応する弁はついていたが、プラスG弁、ゼロG弁はなかった。旧来から使っているままのものだった。このままでは、ゼロGではチョークする危険があるので無理な姿勢をつづけられないし、プラスG弁がないので一定以上のGがかかる旋回は禁止されていたらしい。

アメリカでもこれには困っていたが、適当な対策をとることはできなくて、フロートのないキャブレターの研究をしていた。試作品はできたものの、実戦では旧式のキャブレターを使っていた。

こんなに長々とキャブレターの話をしてきたのは、これが零戦の空中戦の強さの秘密だからだ。これは意外と知られていない。空中戦で格闘戦（ドッグファイト）に入ると、アメリカの戦闘機はキャブレターの問題からGに制限があって、どうしても大回りになる。ところが零戦は、大きなGにも耐えられるので、小回りがきいて、相手を捕捉しやすい。だから、格闘戦になると強かったのである。アメリカ軍はこれを知っていたからか、「零戦とは決してドッグファイトはするな」という命令がでていた。

45 主翼を短くした零戦の性能は？

零戦は、正式名を零式艦上戦闘機というくらいだから、空母で移動して戦うための飛行機である。ところが、一一型は全幅が12メートルで、空母のレセスよりわずかに小さいだけだ。緊急の場合、母艦での揚げ降ろしには、翼端を破損する恐れもある。

そこで、67号機以降には両翼端を50センチずつ折りたたむようにした二一型がつくられるようになった。

その後、零戦を空母で使用するには、翼端の折りたたみをなくしてバランスタブを取り払えば、取り扱いもらくになるし、生産も簡易になり、スピードは速くなるのではないかという提案がなされた。

三菱ではさっそく性能計算をした。その結果、翼端を1メートル短くして11メートルとすると、最高速が約1・5ノットよくなるだけで、運動性能などの性能はすべて低下するが、補助翼の効き、重さは改善されるという結論になった。

さっそく試作にとりかかった。このときは堀越技師が病気療養中だったため、本庄季郎技師が担当した。試作機は零戦二一型の翼の先端をスッパリと切り落としたようなかたちになっていた。計算どおりで、これまでの零戦の操縦性になれていたパイロットには不評だった。それでも、エンジンも変えて零戦三二型となった。

実機が生産された。最大スピードは6ノット（11キロメートル）速くなったものの、航続力は二一型のほぼ3分の2までに落ちてしまった。それに空戦性能も劣ったことで、三二型はあまり歓迎されなかった。三菱だけで343機生産している。

その後、翼をもとに戻した二二型が生産されたが、再び全幅11メートルの零戦をつくる。当時はまだはっきりとした低式単葉の翼のはっきりした理論はなかった。だが、一般的にはドイツ・ゲッチンゲン大学のプラントル教授の翼理論「翼は上からみて楕円形にする」というのが通説だった。現場に復帰した堀越技師は、この理論を生かして、最初にデザインした形に似た翼の零戦をつくった。五二型である。

スピードはさらに向上して305ノット（565キロメートル）になった。しかし、操縦性や格闘性は零戦二一型にはかなわなかった。

設計思想がちがうので何ともいえないところもあるが、アメリカ軍の飛行機を見ると、F6Fヘルキャットやムスタングなどは翼端が丸くなっていない。スピードを選んだアメリカ型だからできたことで、むしろ零戦三二型に近い。格闘性を選んだ日本では三二型は冷飯を食ったといえるかもしれない。

46 離着陸の速さは東名高速でスピード違反になるのか？

飛行機の操縦でいちばん難しいのが離着陸である。いまでも飛行機事故の7割は離着陸に関係している。大型の旅客機にかぎらず、セスナに代表されるような小型の飛行機でも、パイロットは離着陸時には神経を集中させて操縦にあたっている。

零戦は、現在の飛行機とちがって、主翼下の主輪と、尾輪の3点着陸になる。エンジンなどが前にあって、重心は前方寄りになる。それだけに3点着陸は簡単ではない。飛行場もいまのように舗装されたところではないのがおおかった。よけいプレッシャーにもなる。雨などで飛行場の条件が悪くなると、着陸時に尾輪が水溜まりをたたくようなことになってしまい、その結果、前のめりに転覆することも少なからずあった。

零戦の着陸スピードは、零戦が艦上戦闘機であること、離着陸が容易であることの2点を強く要求していたため、着陸速度は60ノット（111キロメートル）以内と決められていた。

実際は一一型、二一型でも、全備重量では64・5ノット（119キロメートル）と、少しだけスピードは速くなっていた。ただ、全備重量で着陸することはまず考えられない。燃料を消費し、弾丸を撃ちつくして着陸するときには60ノットで着陸できていた。零戦五二型では、やはり全備重量で63・5ノット（118キロメートル）と、わずかではあるが、着陸スピードは遅くなっていた。

このスピードは、アメリカのF4Fワイルドキャットが67ノット（125キロメートル）だから、それよりも遅いことになる。ほかのアメリカ軍の戦闘機、コルセアなどはF4Fよりも着陸スピードは速いので、零戦は短い距離で着陸できたことになる。

海軍機に比べると、陸軍機は一般的に着陸スピードは速い。着陸するのは空母ということはありえない。飛行場の距離が長ければ、スピードが速くてもあまり問題はないからだ。一式戦闘機「隼」は120ノット（222キロメートル）と零戦の約2倍ものスピードで着陸する。二式戦闘機「鍾馗」にいたっては150ノット（278キロメートル）と、隼よりももっと速いスピードで着陸する。

日本の高速道路は100キロメートルが制限速度である。しかし、一般に時速100キロメートルを守って走っている自動車は少ない。3車線あるところでは、いちばん左のレーンでは100キロメートルくらいで走っているものの、追い越しレーンのいちばん右側のレーンでは150キロメートルくらいで疾走しているクルマもめずらしくはない。だから、零戦は高速道路を走る自動車とほぼ同じくらいのスピードで着陸していたのだ。

47 零戦は東京駅のホームから飛び立てるのか?

零戦に求められたのは、着陸するときのスピードが遅いことだけではない。離陸するときの距離が短いこともまた、要求されたのである。零戦は空母から発艦する。日本の空母の長さは、水線長で飛龍型で222メートル、翔鶴型で250メートル、もっとも長い赤城でさえ250・36メートルである。この距離の範囲内で飛ばさなくてはならない。

アメリカの空母はカタパルトを使って艦載機を飛ばしていた。第2次大戦開戦直後の昭和17年4月18日に東京空襲を行なったB-25を発艦させた空母「ホーネット」は、飛行甲板に2機のカタパルトを備えていた。限られた長さの甲板に飛行機をスピーディに用意して、つぎつぎに飛ばすのには、カタパルトは有効だった。

当時の写真を見ると、翼を折りたたんだF6FヘルキャットやF4Uコルセアが、空母の甲板上の3分の2は埋めている。つまり、カタパルトがあるので、こんな短い距離でも飛び立つことができたのである。

残念なことに、日本軍の空母には、カタパルトはなかった。そのぶん長く滑走距離をとらなければならない。当然、パイロットの技量も問われる。離陸がへたなパイロットは、うしろに回され、最後の発艦となる。

空母から飛行機を発艦させるには、空母の向きを風上に向かって全速力で走らせる。それで相対スピードを高めて、短い距離で離陸可能な速度までに早くもっていって飛ばすのである。それに、空母の飛行甲板は飛行機が発進しやすいように、艦のうしろから前方に向かって、約5度ほど高く傾斜がつくられていた。

短い距離といっても限度がある。向かい風18メートル、これに30ノット(56キロメートル)で走っても、飛び立つには80メートル前後の滑走距離は必要になる。カタパルトは空母にとっても有効な装置だった。

零戦の離陸滑走距離は無風状態で、一一型、二一型が198メートル、三二型、二二型は187メートル、五二型になると179メートルと、短くなる。風速12メートルの向かい風だと、一一型と二一型は82メートルと主な空母の半分の長さで離陸できた。

F6Fヘルキャットの離陸滑走距離は、全備重量で向かい風25ノット(時速46キロメートル)の場合107メートル、無風状態では315メートルである。零戦一一型の約1・6倍の滑走距離が必要になる。

東京駅の新幹線乗り場のホームの長さは、16〜19番線で431メートルある。零戦をもっとも端と中ほどに置けば、無風状態でも2機が同時に離陸できる距離だ。

48 機首にある銃を射ってもなぜプロペラにあたらないの?

零戦には、胴体(機首)に7・7ミリ機銃が2挺ついている。その前ではプロペラが常に回っている。少年のころに零戦のプラモデルをつくっているときに、いつも疑問だったのが、7・7ミリ機銃はどうして回転しているプロペラにあたらないで、弾丸を発射できるのかということだった。

零戦のプロペラは毎分2700回転くらいしている。1秒間にすると、45回転しているのである。おまけにプロペラは3枚羽根だから、機銃のあるところを基準とすると、その3倍の135回もプロペラは回っていることになる。こんなにひっきりなしに邪魔しているプロペラに向けて弾丸を撃ったら、プロペラにあたってしまい、零戦は飛び続けられなくなってしまうのではないかと、それは本当に心配だった。

考えると、夜も眠れなかった(?)。正直なことをいうと、大人になるまでは本当に理解はできなかった。

原理はこうだ。

プロペラがいくら早く回転しても、かならずプロペラとプロペラの間にはすき間がある。

このすき間をとおせばよいのである。プロペラの回転と同調して発射すればプロペラにあたらずに狙ったものを撃つことができる。

プロペラと7・7ミリ機銃の発射をどう同調をとるかが問題になる。当初はCC同調装置という油圧式のものを使った。エンジンと直結したカムの衝撃で、同調装置の油圧部に伝わり、発射待ちになっている引き金を落として弾丸を発射する。

ところが、この装置では油圧部の作動が確実ではなく、カムで衝撃を与えてから引き金を落とすまでの間に、ほんの少しズレができやすい。ズレができると、同調が狂って、プロペラを撃ってしまうことになる。こうなっては使えない。もともと、油圧式の機械は、ゆっくりと確実に力を伝えるものには向いているが、瞬時にダイレクトに力を伝えるものとしてはあまり適していない。

そこで、確実にカムの衝撃を引き金まで伝えるのに、油圧式をやめて、ピアノ線伝導管にした。カムの衝撃をピアノ線でダイレクトに引き金のところに伝えることで、確実に同調をとることにしたのである。

これが「99式同調発射装置」と呼ばれるもので、これによって、プロペラを自分の機銃で撃ちぬいてしまう「事故」はなくなった。パイロットが引き金を引いている間は、弾丸はプロペラのすき間をとおって飛んでいくのである。

49 20ミリ機銃にはどんなタイプがあったのか？

零戦に搭載された20ミリ機銃は、スイスのエリコン社が開発した戦闘機用の機銃である。小型で軽く、戦闘機用としては、当時としては常識やぶりの機銃だった。この機銃を零戦に採用することには、海軍内では反対の意見が多かった。艦上戦闘機は軽快性が要求されたためだが、あえて採用を決断したのは航空本部長だった山本五十六中将であった。

これをライセンス生産して、99式1号1型20ミリ機銃と呼んだ。銃身長は38口径の760ミリ、全長が1330ミリで23キログラムである。この場合の口径とは、弾丸の込められた位置から銃口までの長さをあらわし、銃口の内径＝20ミリの何倍になるかをあらわしたものである。20ミリ機銃で38口径だから、銃身そのものの長さは20×38＝760ミリとなる。コンパクトだから、主翼内にすっぽりと銃口まで納まっていた。

20ミリ機銃は空戦で十分に威力を発揮した。しかし、弱点もあった。携行弾数が1銃につきわずか60発と少ないこと。発射速度は毎分520発だから、9秒も発射レバーを握っていたら、弾丸はすべて撃ちつくしてしまう。また、弾丸の初速も毎秒600メートルと小さいので、同じ20ミリ機銃でも、ドイツ軍の標準装備となったモーゼル社の20ミリ機銃とくらべると威力は落ちる。

アメリカ軍の戦闘機は12・7ミリ機銃だけで戦った。コルト・ブローニング社製のM2機銃である。発射速度は毎分700〜800発、初速は毎秒856メートルもあった。この性能なら20ミリ機銃と威力はあまり変わらないと判断し、20ミリ機銃はテストしただけで正式には採用していない。

強力な兵装の出現に対応したのが、99式2号4型20ミリ機銃である。60口径に銃身をのばし、弾丸の初速も毎秒750メートルにまで高めた。そのぶん弾倉をふくめた銃の全長は1830ミリまで大きくなり、重量も29キログラムに増えた。発射速度も毎分470発と若干落ちたが、銃のバランスがよくなって、命中率はものすごくよくなった。

銃が長くなったので、銃身すべてを主翼内に納めることができず、翼前方に約500ミリ銃身が飛びだしている。

携行弾数も、弾倉を回転式のものからベルト式に変えたことで、1銃につき125発に増えた。1号1型も三二型の登場とともに回転式弾倉に100発をつめていたから、25%増ということになる。2号4型20ミリ機銃を搭載したのは、五二型から。五二丙型になると、片翼に2つ銃口が飛びだしているが、外側は13ミリ機銃で、20ミリ機銃は内側である。一見すると、外側のほうが銃身の口径も大きいのでまちがえやすい。

50 零戦は20ミリ機銃を撃つと横揺れした?

零戦に搭載された機銃は7・7ミリ、13ミリ、20ミリの3種類である。だが、零戦の機銃というと、13ミリ機銃は昭和19年3月以降に登場しただけに影が薄い。どうしても、7・7ミリ、20ミリ機銃というイメージが強い。

破壊力があったのは、20ミリ機銃。機銃というよりは、機関砲と呼んだほうがピッタリのものだ。それまでは7・7ミリ機銃しか搭載したことがなかった戦闘機に、20ミリ機銃をはじめて搭載するために、零戦は全長を長めにし、垂直尾翼も大きくした。

というのも、20ミリ機銃は反動が大きい。20ミリ機銃を発射すると、反動があまりにも大きいため、機体がヨーイングと呼ばれる水平方向への横揺れを起こしてしまう。片方だけ発射するととくにヨーイングは大きかった。この反動力の大きさは、スピードにも影響をおよぼした。敵機を狙って20ミリ機銃をつづけざまに発射すると、零戦のスピードも落ちてくる。あたれば敵機は撃墜できるが、あたらなければ、スピードは落ちるから、前にいる敵機との距離は開いてしまう。それだけ威力があったのである。

零戦でも苦戦させられた重爆撃機のB-17は防弾鋼板をつけ、防弾タンクをつけていた。

７・７ミリ機銃では同じところを狙って何発もあたらないかぎりダメージを与えることはできなかった。それが20ミリ機銃では、この防御も１発で貫通できた。貫通したといっても、１発で撃墜できるほどやわなものではない。エンジンや燃料タンクに何発かあてて、ようやく撃墜できたほどである。

戦闘機との空戦では、20ミリ機銃の威力は大きかった。99式１号機銃は、距離５００メートルから射ったら10ミリの鋼板を貫通できた。２号になると、５００メートルで24ミリ、１０００メートルで約15ミリの鋼板を貫通させた。

格闘戦で１００メートルくらいに接近したときに発射すると、主翼にあたればそこからちぎれるくらいになるし、不運にしてキャノピーにあたったら、キャノピーはメチャクチャに破壊して、パイロットをふき飛ばすほどの威力があった。

７・７ミリ機銃は、20ミリ機銃と比べると、口径は４割弱しかないのだから、１発の威力は小さい。それでも、７・７ミリ機銃で重爆を撃墜することはできる。日本のエースのひとり、坂井氏は７・７ミリ機銃を燃料タンクにだけ撃ち続けて、Ｂ-26を撃墜している。７・７ミリ機銃弾は、徹甲弾、焼夷弾、普通弾、曳光弾が交互に発射されることになっている。４発に１発は焼夷弾があるので、燃料タンクだけを狙えば、火を噴くと考えて撃ち続けたのである。破壊力は小さくても技術でカバーしたわけだ。

51 機銃を射つ装置はどこについていたのか?

零戦はキャノピーの大きさに惑わされて、操縦席も広いように思いがちだが、実際に座ってみると、F1の操縦席ほどではなくてもかなり窮屈だ。そこに操縦桿やフットバーなど操縦に必要なものが押し込められている。

コックピットの前には計器類や照準装置がならび、右側には通信装置などがある。そして、左側にスロットルレバーや機銃の発射装置がある。

スロットルレバーや機銃の発射装置も、型式によって少しは変わっている。

コックピットに納まって左側を見ると、まず目につくのが黒いボックスにスイッチがずらりと並んだ配電パネル。その上には前に2列、うしろに1列小さなランプが並んでいる。脚が収納されたかどうかを示すランプである。前2列が主輪、後1列が尾輪である。そのさらに上に木製の大小のレバーが2つある。小さいほうがプロペラピッチ変更レバーで、大きいほうがスロットルレバーである。

スロットルレバーには、ちょうど自転車のブレーキのような形をしたレバーがついている。これが機銃発射レバーである。零戦は、スロットルを握っていれば、2種類の機銃の発射ができるようになっている。

スロットルレバーの手前に機銃の安全装置がある。発射するときはまずこの装置のバーを引く。はじめての戦闘ではあわてて安全装置をしたまま発射レバーを引いて、弾丸がでないという失態をした者もいた。

7・7ミリと20ミリ機銃の切り替え装置は、スロットルレバーについていた。スロットルレバーの先端に切り替えボタンがあり、20ミリ機銃用、7・7ミリ機銃用、20ミリと7・7ミリ機銃の併用と、3段階に分かれていた。

右手で操縦桿を握っているので、飛行機の動きは右手と両足でする。スピードと機銃は左手だけでできるようになっている。これが基本である。五二丙型では13ミリ機銃と20ミリ機銃になる。この場合も、形や切り替え装置の位置が少しちがっているだけで、操作などはほぼ同じである。

余談になるが、零戦は爆弾も搭載できた。この操作をするのも左手である。爆弾を投下するときは、配電パネルの手前、操縦席のちょうど左側に爆弾の投下レバーがあった。一一型から五二乙型までは爆弾は2個しか搭載できなかったので、レバーも2つだった。これを引くと、爆弾が投下される。戦闘機はその効率を考えて、右側と左側で役割を分担させており、左側には兵装関係の操作が集中していた。

52 零戦の照準器はドイツ製だった?

飛行機は当時、先端技術の最たるものだった。戦闘機となると、さらに高度な技術が要求される。海軍は飛行機技術の国産化をすすめてきて、96式艦戦以降、その目標にはある程度は達したと評価していたが、すべてがすべて国産の技術でできたわけではない。20ミリ機銃はスイス・エリコン社のものをライセンス生産していた。じつは、照準装置も光像式のものは国産技術で開発することはできなかった。

従来の照準器は望遠鏡式のものである。海軍としては、零戦ではどうしても光像式の照準器を取りつけたかった。そこで窮余の策として、ドイツから研究用に購入したハインケルHe118についていた光像式照準器をコピーして、98式「射爆」照準器とした。「射撃」照準器としていないのは、爆撃時の照準器もかねていたからである。

原理は簡単だ。いちばん下に照明用の電球をおき、十字線標板に光をあてる。レンズをとおして一番上のガラスの反射板に照準を示す環を投影する。反射板はガラスだから、前方がそのまま透けて見える。そこに敵機が見えて、照準があったら機銃を発射することになる。照準器を横から見ると、反射板の前に色のついたガラスがある。これはいわばサン

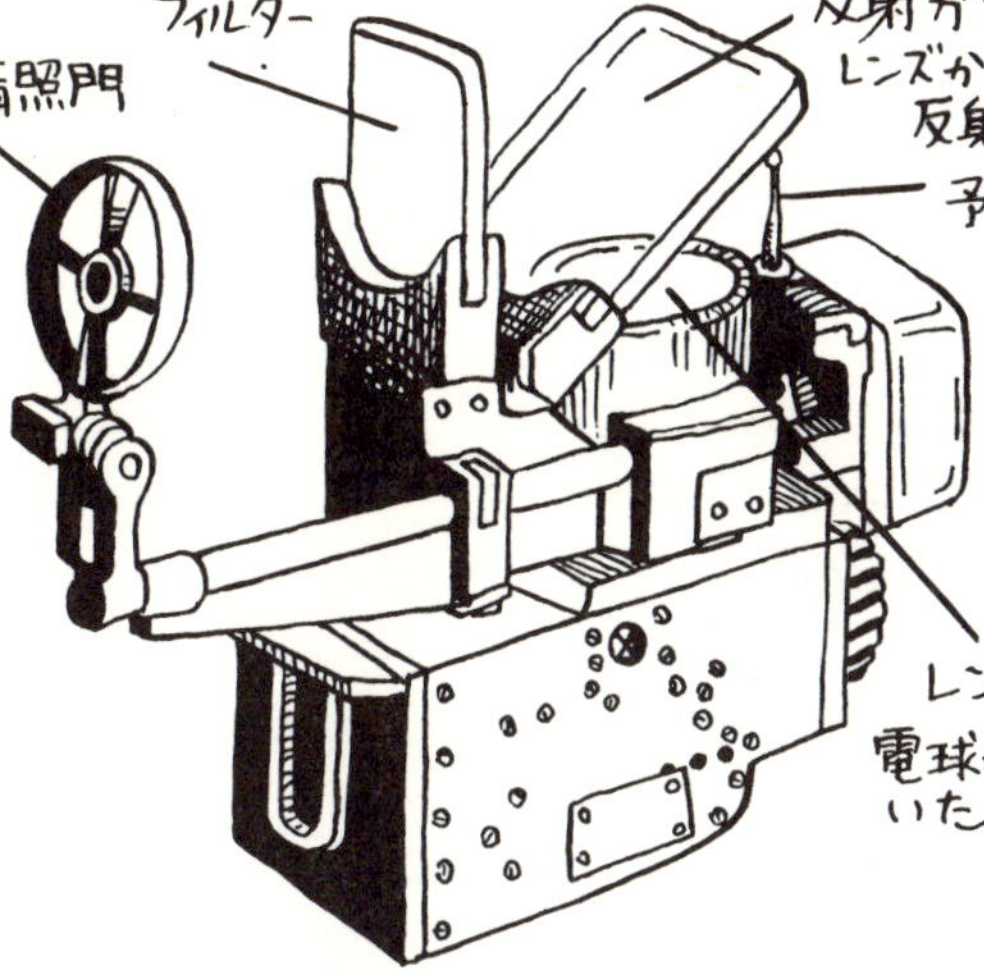

グラスの役目をはたすもので、敵機が太陽にむかっていくようなときに使うフィルターだ。さらにその前にある照準環は、照準器が故障したときに使う予備の照門。

照準器には二重の輪のなかに十字の線がある。全長10メートルくらいの戦闘機が内側の輪にいっぱいいっぱいに納まるようになると、だいたい距離は100メートルくらいである。普通はもう少し近づいてから機銃を発射する。

しかし、重爆のような大きい飛行機になると、遠くでも照準器いっぱいにとらえてしまう。200メートルも離れているのに、100メートルくらいしか離れていないように錯覚してしまうのだ。

ベテランパイロットでもこういうミスはあった。それだけ難しいことなのだ。

53 零戦は6000メートルまで何分で上昇できたのか?

飛行機の大事な性能のひとつに、上昇力がある。12試艦戦の性能要求では、高度3000メートルまで3分30秒以内とされていた。しかし、零戦となって戦場にでるころにはもう少し高々度までの上昇力が要求されるようになり、6000メートルまでの到達時間がひとつの目安になった。

零戦は、一一型で高度6000メートルまで7分27秒、三二型で7分19秒、五二型で7分1秒かかっている。カップヌードル2個が食べられるようになる時間よりも、もっとかかるのである。

隼はキ-43II型で6100メートルまで7分30秒だから、零戦五二型とほぼ同じくらいである。ところが、重戦闘機と位置づけた鍾馗は、キ-44II甲型では5000メートルまで4分15秒と速い。6000メートルのデータはないのでわからないが、零戦より速かったことは確実である。局地戦の雷電では三一型で5分40秒と、これまた零戦をしのいでいる。

アメリカ軍の飛行機はどうかというと、2000馬力エンジンのF4Uコルセアは飛行重量が５３００キログラムと重いこともあって、６０００メートルまでジャスト８分もかかっている。重いとはいえ、９５０馬力しかない零戦一一型よりも遅い。Ｐ－47サンダーボルトは、1万５０００フィート（４５７２メートル）までもっとも速いＤ－22型でさえ、５分36秒かかっている。同じ高度でないが、６０００メートルまでなら、たぶん零戦のほうが少し速いだろう。

しかし、これが1万メートル近くになるとおもむきは異なる。

零戦４号機は１万メートルまで24分７秒かかっている。局地戦闘機の雷電でも19分30秒である。

それがサンダーボルトは3万５０００フィート（1万６６８メートル）をわずか12分48秒と、圧倒的に速い。Ｐ－51ムスタングでさえ3万フィート（９１４４メートル）まで12分５秒である。高々度になればなるほど、アメリカ軍機は早く到達することができる。

これは、エンジンの馬力のちがいもあるが、一番の原因は、ターボチャージャー（排気タービン過給器）をつけていたことだろう。Ｐ－38やＰ－51、Ｐ－47がこれを装備していたのである。

ただし、Ｂ－29は、排気の力（ターボ）ではなく、エンジンの軸に付けた歯車でコンプレッサーを回す、スーパーチャージャーをつけていた。

54 零戦の旋回は180メートル。これを何秒で回った？

零戦は格闘戦に最重点をおいて設計された。このため、運動性能はほかのどの戦闘機よりもすぐれている。昭和16年1月に行なわれた陸海軍の戦闘機コンテストで、零戦一一型は、キ-43（のちの隼）、キ-44（のちの鍾馗）と競った。そのときに、両機を圧倒したのが、上昇旋回性能と格闘性能。もちろんスピードにおいてもはるかに馬力のあるキ-44にも劣らなかった。総合力で零戦がすぐれていると判断されたのである。

その零戦の定常旋回半径は、186・6メートルである（一一型、二一型）。直径にしても373・2メートルにすぎないから、戦艦大和が時速26ノット（47キロメートル）で旋回したときの直径589メートルの6割強という小ささだ。

時速200ノット（370キロメートル）で、180度の急旋回半径でも、341メートルである。これを5・62秒で成し遂げ、旋回したあとのスピードは164・3ノット（304キロメートル）と、82・15％に落ちるだけである。

これだけの数字をだせるのは、あえて主翼を大きくとり、翼面荷重を104キログラム（一一型）に押さえたからである。翼面荷重が小さいということは、旋回などの運動性能が

ゼロ戦は
約180メートルで旋回
できた
くるり
ヒェー
かなわんヨ

よくなることを意味する。

アメリカ軍機は、むしろスピードに重点をおいた設計である。だから、翼面荷重も大きくなっている。

たとえば、Ｆ６Ｆヘルキャットは１８２キログラム、Ｐ－47サンダーボルトは２２９キログラムもある。これでは旋回性能で零戦を上回ることはできない。

アメリカ軍機は、零戦とのドッグファイトは禁止されていた。旋回性能が劣るので、零戦のエジキになってしまうからだ。

重戦闘機とでも呼べる飛行機が、アメリカ軍の主力になって、零戦が旧式化していくなかでも、まだ戦うことができたのは、旋回性能をはじめとする運動性能がよかったからである。

55 夜の編隊飛行では何を目印にして飛んだのか？

戦闘機だけでなく、飛行機は夜も飛んでいた。零戦にもあった夜間戦闘機などだけが夜間を飛んでいたのではない。ごく普通の戦闘機も夜間に出撃することもあった。また、敵地の攻撃のために、まだ陽の昇らないうちに出撃することもあった。

戦闘機は単独で行動することがない。編隊を組んで飛行する。はじめのころは3機で1個小隊としていた。小隊長機を先頭に、左右の後方に2番機、3番機を従えて、三角形を保って飛ぶ。高度は同じである。

小隊の編隊の組み方は、先頭を行く小隊長機の尾灯の位置に2番機、3番機はプロペラをもってくる。2番機の場合であれば、小隊長機の左翼の端と自分の右翼の端がほとんど一直線になるように位置をとる。3番機はこの逆になる。たとえば、雁が3羽だけできれいな三角形をつくって飛んでいる姿を思い浮べればよい。

編隊を組むときは、階級の高い兵士が小隊長や中隊長などの位置につく。小隊の例をとると、学校を出たてではじめて戦場に向かう者でも、少尉などの階級にあるから、先陣をきることになる。そんなときには2、3番機にベテランを配置して助けていた。

昼は小隊長の零戦がよく見えるから編隊を組むにも訓練どおりにやればよい。問題は早朝や夜間飛行のときである。飛行機乗りになるには、視力がよくなければならなかった。視力2・0は当たり前だった。それでも、昼飛ぶのと夜飛ぶのでは感覚がちがう。はっきりと目印になるものがないと、編隊を組んで飛ぶのは難しい。

零戦は、夜間飛行に備えて、主翼片側に3カ所ずつ6カ所の明かりがつくようになっていた。そして、胴体の最後尾には「尾灯」があった。主翼の明かりは、翼の先端の位置をあらわす「幅灯」と、翼の上に片翼2カ所ずつ「編隊灯」があった。夜間に編隊を組むときはこれを目印にして組んだのである。

幅灯と編隊灯は、右側が青で、左側が赤、尾灯は白である。2番機ならば、夜間でも小隊長機の尾灯の位置にプロペラをもっていき、左翼端の赤の明かりを見つけて自分の翼の青の明かりと真っすぐになるように飛行機の位置をもってくる。このときに、高度が高ければ翼の上の編隊灯がはっきりと見えるので、高度を下げる。高度が低ければ、翼から編隊灯が見えないので、高度を上げる。編隊灯が小さく見えるところが小隊長と同高度ということになる。

こう書けば簡単なように思えるが、邪魔者がなくても夜の高速道路を数台で間隔を決めて走るのは簡単ではない。それを飛行機でやってのけるのだから、すごいことなのだ。

56 意外！ 零戦の急降下速度はコルセアとほぼ同じ？

低翼面荷重の飛行機は、エンジンが同じならば、旋回性能や離着陸性能、高々度性能などはすぐれているが、最高速度や急降下速度などは高翼面荷重の飛行機にかなわないことは知られていた。零戦は一一型で翼面荷重が106キログラムとかなり低い。翼の両端を50センチずつ折りたたむことができる二一型でも、翼面荷重は1キログラム増えて107キログラムになっただけである。

このときに急降下のテストをしていた横須賀航空隊の下川万兵衛大尉は、約300ノット（556キロメートル）で急降下に入り、機首の引き起こしを行なったときに、突然主翼の一部と水平尾翼がふっとんで、そのまま墜落して殉職している。

すぐに事故の原因調査が行なわれた。零戦は、机上の計算では500ノット(926キロメートル)以内では、フラッターは起こらないとされてきた。ところが、風洞実験で300ノットを越すころに補助翼にフラッターが発生することがわかった。そこで、300ノットくらいではフラッターを起こさないように手を加え、この件は解決した。

フラッターというのは、風で旗がはためくときのように、翼などの機体の表面にシワができることである。羽布張《はぶば》りの飛行機などでは、急降下から上昇に転じるときなどによくできた。こうなると、通常の飛行でも危険になるので、修理する必要がある。

フラッターは零戦のような全金属性の飛行機にも起きる。急降下速度が速すぎて、上昇に転じるときに、風圧によって起こるのだ。

それで、急降下速度は計器指示で360ノット（667キロメートル）に制限した。翼を1メートル短くした五二型では、翼面荷重も128キログラムに増え、急降下制限速度も360ノットから400ノット（741キロメートル）に向上した。

このときの最大速度が305ノット（565キロメートル）だから、急降下の速度はこれを大きく上回っている。

アメリカのF4Uコルセアが急降下するときの制限速度は、計器指示で425ノット（787キロメートル）だから、零戦よりも25ノット速い。コルセアの翼面荷重は、173キログラムで、エンジンの最大出力も1625馬力と、零戦とは比較にならないぐらい大きい。

したがって、急降下制限速度が425ノットというのもわからないではないが、欧米の機種はカタログ値がでないので、少し割り引いてみる必要があるという。となると、零戦とはほぼ互角になるというべきかもしれない。

■コラム② パイロットの資質

パイロット、とくに戦闘機のパイロットは戦闘に入ると、さまざまなことを一度に要求される。

左手でスロットルレバーを操作しながら、右手で操縦桿を握り、足はフットバーにかけて方向をかえる。その間コックピット内の計器に目を配ると同時に、敵の動きも常に視界のなかにとめておかなければならない。7人の話を同時に聞いて聞き分けたといわれる聖徳太子なみの行動が要求されるのだ。

このため、戦闘機のパイロットになるには特別の資質が必要になる。

ひとつはまず視力がよいこと。空中での戦闘では、先に敵を発見したものが優位にたつ。したがって、2・0くらいの視力が必要だ。撃墜王の坂井三郎中尉は2・5はあったという。だから、敵機を相手よりも早く発見することができ、優位な位置に移動してから戦うことができたのだ。

また瞬間的な判断力と行動力も欠かせない。空戦では迷ったら相手に攻撃される。飛行機は高速で飛んでいるから、1秒もあれば200メートル以上進む。すぐに判断して行動に移ることが要求される。そのためには反射神経もよくなくてはならない。

第3章 「零戦」防御力の謎

南方の最前線基地で翼を休める零戦三二型（このアングルからだと短くなった翼の特徴がわかりやすい）

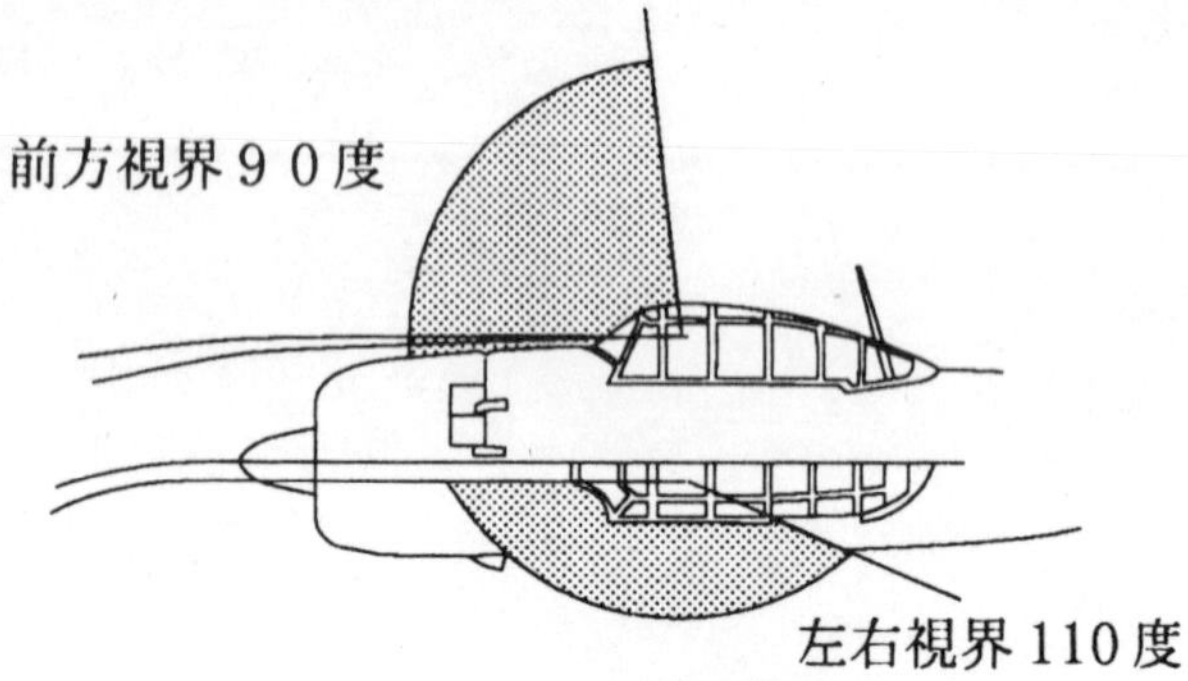
前方視界９０度
左右視界110度

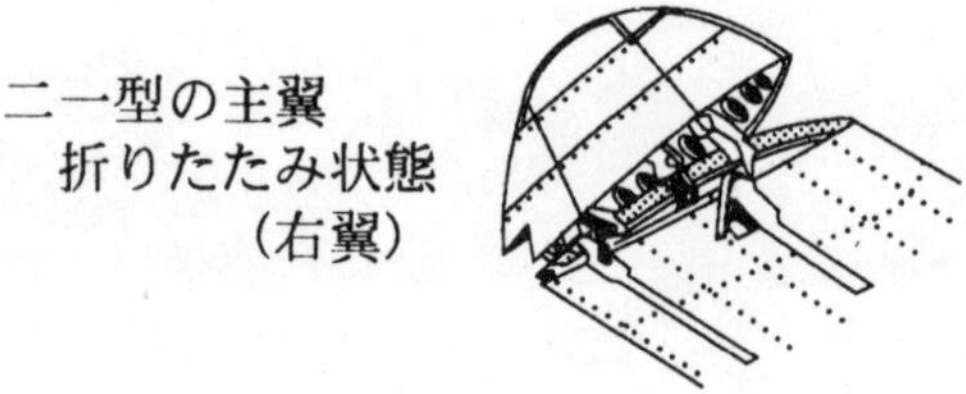
二一型の主翼
折りたたみ状態
（右翼）

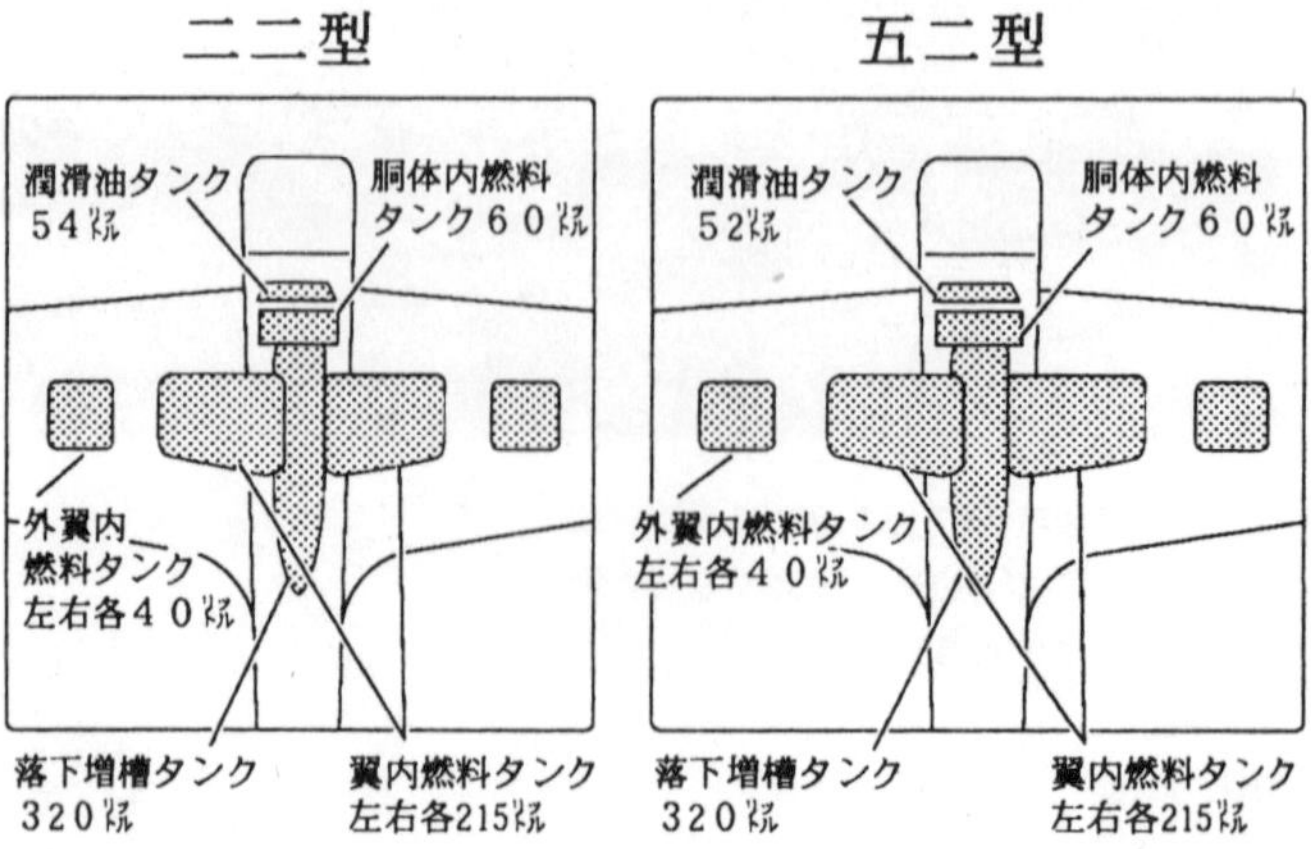
二二型
潤滑油タンク
54㍑
胴体内燃料
タンク６０㍑
外翼内
燃料タンク
左右各４０㍑
落下増槽タンク
320㍑
翼内燃料タンク
左右各215㍑
五二型
潤滑油タンク
52㍑
胴体内燃料
タンク６０㍑
外翼内燃料タンク
左右各４０㍑
落下増槽タンク
320㍑
翼内燃料タンク
左右各215㍑

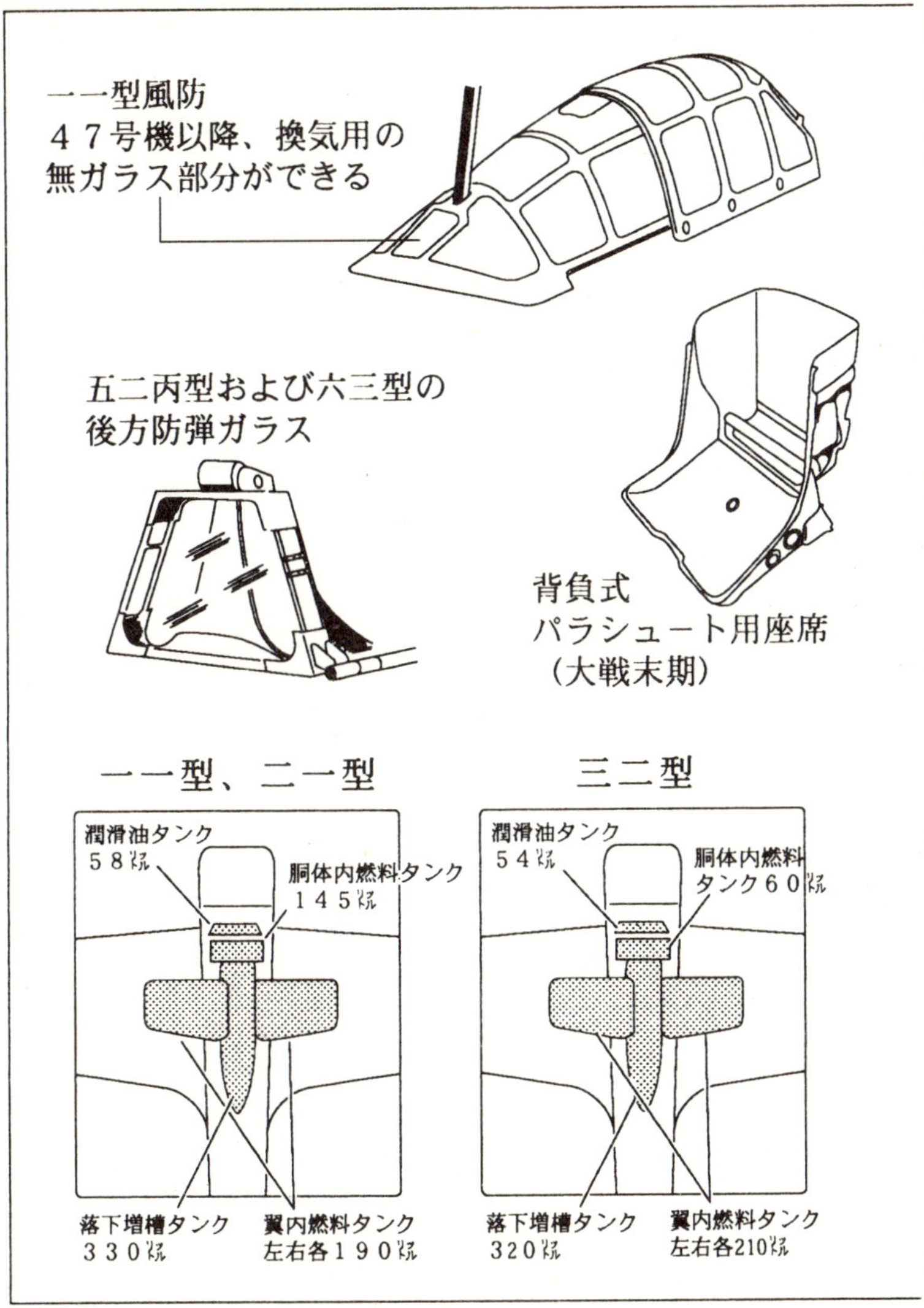
一一型風防
４７号機以降、換気用の
無ガラス部分ができる
五二丙型および六三型の
後方防弾ガラス
背負式
パラシュート用座席
（大戦末期）
一一型、二一型
潤滑油タンク
５８リットル
胴体内燃料タンク
１４５リットル
落下増槽タンク
３３０リットル
翼内燃料タンク
左右各１９０リットル
三二型
潤滑油タンク
５４リットル
胴体内燃料
タンク６０リットル
落下増槽タンク
320リットル
翼内燃料タンク
左右各210リットル

57 零戦の通信は「電話」を使っていた？

零戦には、モールス信号用の無線装置のほか、戦闘中でも会話が自由にできる電話をつけるよう海軍から要求されていた。編隊飛行で敵地に向かい、戦闘に入るときなど飛行機同士で意思の疎通を図るためには電話がよいということになったからである。

このため、零戦の初期型には無線装置だけでなく、電話もあったのだ。96式空1号無線電話を搭載していた。はじめのころは電話の調子もよかったので、パイロットは電話で交信をしていた。電話は飛行帽のなかに組み込まれていた。

しかしどういうわけか、よく聞こえていた電話も、第2次大戦に突入するころになると、電話の性能が低下して、雑音が入ったりして聞き取りにくくなってきた。真空管の精度が落ちたためらしい。こうなると、パイロットも電話を使うよりは、身振り手振りで僚機とコンタクトを取るようになってくる。電話は無用の長物と化してしまった。五二型になると、3式空1号無線電話に変わったが、結局あまり使われることがなかった。

基地との通信はもちろん無線である。ことばで交信することはできないから、トン・ツー、トン・ツーをやっていたのである。零戦にはあれほど立派なアンテナがあったのに、

あまり役に立たなかったようだ。

ちゃちな通信設備の零戦とちがい、ムスタングは後期型になると、当時としては最新式のＶＨＦ超短波送受信機とデトローラ中波受信機があった。

ＶＨＦは４つのチャンネルがあり、パイロット相互の会話ができるだけでなく、アメリカ本国のＶＨＦステーションとコンタクトすることもできた。デトローラは受信専用だが、ＶＨＦセットに接続すると天気予報やナビゲーションもできたばかりか、一般のラジオを聴くことも可能だった。

一方はテクノジャンボで航行し、もう一方はようやく近くの管制塔と交信できるだけのセスナで航行しているというほどのちがいがあったのである。

58 主翼の一部が黄色に塗られているのはなぜか？

初期の零戦の主翼のマーキングといえば、日の丸とフラップ上面の歩行禁止部分の赤枠、そして主翼内にある燃料タンクの燃料注入口の小さな赤い印だけであった。航空隊によってちがうこともなく、シンプルそのものだった。

第2次大戦も中盤にさしかかった昭和18年ころになると、飛行機が戦闘の主力になりはじめた。さまざまな形の飛行機が敵味方からあらわれるようになってくると、敵か味方かの識別が難しくなってくる。敵味方の識別をいち早くして、敵なら攻撃する体制をつくる必要がある。

そこで、陸海軍の中央協定によって、飛行機に味方の識別標識をつけることになった。それが主翼前縁の胴体寄り内側半分を黄色に塗るということだった。

飛行機は、横から見れば胴体の国籍標識が見えるから、敵か味方かはすぐに判断することができる。上か下から見ても、主翼の国籍標識が見えるから、これまた敵味方の識別は簡単だ。

ところが、判別しにくいのが前から。飛行機の形である程度の判断はつくといっても、見まちがえだってある。前方から飛んでくる飛行機は、こちらも前に進んでいるのだから、双方が３００キロメートルで飛んでいるとしたら、１秒間に１６７メートルも接近する。3キロなら20秒もかからない。感じとしては「アッ」という間に近づく。味方だと思って戦闘準備をしていなかったのに、近づいてよく見たら敵だったというのでは、戦闘に入るのに手間取って、相手に遅れをとってしまう。

だから、前方から識別できるように、翼の前の一部を目立つ黄色で塗ることにしたのである。零戦も、それにそって翼の前縁を黄色に塗った。識別標識を塗りはじめたころは翼の上のほうまでかなり大きく巻き込んで塗っていた。

零戦が濃緑黒色の迷彩に塗装されはじめたころ、中島製のものは主翼の下も主脚の収納部まで広く塗っていた。三菱製のものも中島製ほどではないが、広く塗っていたこともあって、中島製では後期になると翼の上下とも幅は狭く塗るようになった。味方識別標識は、三菱製に比べると、中島製は狭い。

味方識別標識の幅などは決められていなかった。前方から見えればよいのだから、各機種ともにバラバラである。それにしても、これで味方をきちんと識別できたのだろうか。どれだけ成果があったのかは謎である。そのためだろうか、大戦末期になると、黄色の味方識別標識のない飛行機もあり、機種によっては廃止したものもあった。

59 零戦に使われた金属はツェッペリン号の遺産?

零戦に使用された金属は超々ジュラルミン。第1次大戦当時、ジュラルミンの研究でもっとも進んでいたのがドイツである。このジュラルミンを採用して大成功をおさめたのが、全長が100メートルもある巨大飛行船ツェッペリン号であった。

そして、1916年、第1次大戦のとき、ロンドン爆撃に出撃し、撃墜された飛行船ツェッペリン号の破片が、イギリスにいた海軍武官から日本へ送られ、住友軽金属工業(当時は住友伸銅所)に同じものをつくらせたのである。ジュラルミンの国産化はここからはじまった。このときのツェッペリン号の破片は、いまも住友軽金属工業に保管されている。

ジュラルミンに関する研究開発用の参考資料も、第1次大戦の敗戦国ドイツから戦勝国である日本へ渡された。住友軽金属工業は、これをもとにジュラルミンの研究をすすめ、より強度の大きな「超ジュラルミン」を1935年に開発した。1平方ミリあたり45キログラムまでの引っ張りに耐えられる超ジュラルミンがつくられたのである。これが96式艦戦に使用された。

その後、1936年、零戦をつくるときに、さらに30~40%強度のある超々ジュラルミンが発明されたのである。強度だけをみるならば、ほかの国にも軽合金はあった。ところが、それらは長時間荷重をかけておくと、時間割れというひび割れができてしまう。これでは飛行機には使えない。その欠点を解消したのが、超々ジュラルミンである。

この新素材はH型の桁材《けたざい》に使うのなら時間割れは起こらない。もっとも有効に使うのなら、押出型材として使える主翼や胴体の1本桁、あるいは2本桁構造の主桁縁材に使用するのがよい。この部分は強度が必要なだけに、ほかの材料では重くなる。零戦はできるだけ軽くつくろうとしているので、軽くて強度のある超々ジュラルミンは最適である。

ただ、超々ジュラルミンも、薄板などでは時間割れを防ぐことはできない。ということは、桁に使用するには最適だが、翼や胴体の外板としては適していないことになる。

飛行機のような複雑な工作物をつくる場合、使用する材料が多いと、材料工場や組み立てる機体工場で人手がかかってしまう。機械化されている近代的な工場ならまだしも、当時は工業水準も低く、人に頼る部分がおおかった。そこで、材料規格のなかからごく少数のものを選んで材料一覧表をつくり、それ以外は使わないことにしたのである。

その結果、零戦の外装に使われたのは、超ジュラルミン。96式艦戦で外装に使用した実績があり、材料を供給する住友軽金属の生産体制に問題はない。通常のジュラルミンよりも軽くて強度があり、組み立て工場でも使い慣れているというメリットもあったからだ。

60 たくさんの燃料を零戦はどこに積んでいたのか?

零戦は型式によって燃料の搭載量と搭載した位置が変わっている。メインタンクと呼ばれるものがなく、機体のあちこちに分散してあったというのが正確だろう。

一一型、二一型は、エンジンからつづいている機首に容量60リットルのオイルタンクがあり、そのうしろは防火壁で区切って145リットルの胴体内燃料タンクがあった。さらに、左右の主翼の付け根付近に各190リットル入りの翼内燃料タンクがあって、合計で525リットルの容量があった。

翼を切った零戦三二型になると、機首の防火壁を操縦席側に後退させたため、燃料タンクの容量は145リットルから一挙に半分以下の60リットルまで減ってしまった。これをカバーするため、翼内タンクを大型化した。はじめのころは、20リットルずつ増やして210リットルにしたが、それでも全部で480リットルしか入らずに、一一型などよりも少ない。翼を短くしたために、ただでさえ航続力が落ちたのに、燃料タンクまで減らしたことにパイロットの不満が続出した。

パイロットの不満は無視できない。三二型も後半になると、さらに片翼内の燃料タンクを10リットル大きくして220リットルとし、合計500リットルとした。

これで航続距離が飛躍的にのびたわけでもない。そこで、翼を12メートルに戻した二二型では、機首の60リットル、主翼内のタンク215リットル×2、これに加えて左右の外翼内に40リットルの燃料タンクを増やした。これで570リットルの燃料を確保した。

翼を11メートル幅にした五二型の燃料タンクのレイアウトは、基本的には二二型と同じである。容量も変わっていない。

五二乙型になると、主翼付け根部の燃料タンクを155リットルとし、外翼内のタンクは25リットルに減らした。その代わり、胴体内に140リットルの防弾タンクを設置した。機首部の燃料タンクには水・アルコール燃料を積むことになったので、燃料タンクは50リットルと五二型よりも70リットルも減ってしまった。

零戦は、基本的には燃料は翼に積んでいた。しかし、アメリカ軍の戦闘機を見ると、胴体に積んでいるケースがほとんどである。コルセアにしても、サンダーボルトにしても胴体である。

アメリカの戦闘機はエンジンからコックピットまでが長い。この間にオイルタンクや燃料タンクを積んでいた。零戦はあちこちに燃料タンクがあったので、給油口も多くなり、燃料の補給には手間がかかった。だが、アメリカ軍の飛行機は1カ所で補給ができた。

61 パラシュートは座ぶとん代わりだった?

基本的に、パイロットはパラシュートをつけてコックピットに乗り込む。パラシュートは、当たり前のことだが、パイロットの頭の上で開く。だから、パラシュートはパイロットの背中にバックパックのように、背負っていると思いがちだ。

実際はちがっている。

折りたたまれたパラシュートは、腰からお尻のほうにぶら下げられていた。そのままでは歩きにくいし、スクランブル出動というときなどは、走って飛行機までいかなければならない。パラシュートをお尻にあたるままにしておくと、あひるがヒョコヒョコ走っているように見えてこっけいだった。だから、お尻のパラシュートを片手で抱えて動かないようにして、走ったものである。

このパラシュートは、ちょうどお尻の位置にあったので、コックピットに入ってシートに座るときには、クッションの役目もはたしていた。いわば座ぶとんだったのだ。

ところが、日本には〝武士道〟というやっかいな精神がある。捕虜になるのは恥だと教えこまれているし、死を恐れるのは臆病者とさげすまれる。飛行機乗りばかりでなく、船乗りでも、陸軍でさえも同じ精神で戦っている。

第2次大戦がはじまって南方に展開するころになると、パイロットはパラシュートをつけて飛行機に乗り込むこともなくなってしまった。被弾したらパラシュートで飛び出すのではなく、敵めがけて自爆するだけだと思い込んでいた。このため、助かる人も助けられなかったのだ。

これだけの理由ではなく、空戦性能をよくするためには、できるだけ軽いほうがいいので、少しでも機を軽くするためにパラシュートをつけなかった人もいた。

それでも、酸素マスクはあった。3000～4000メートルを飛んでいるときはよいが、それよりも高度が高くなると、空気が薄くなって苦しくなる。高々度で敵機を待ち伏せしているときなどき、ゴーグルをつけて酸素マスクも口元につけていた。大体6000メートル以上に高度をとるときに、酸素マスクをつけるようにしていたようだ。

現在の旅客機では、高々度で機内に異常が起こると、天井から空気マスクが落ちてくる。幸いまだそのような状況になったときに乗り合わせたことはないが、もしそうした状況が起こったら、パイロットは酸素マスクなしでも大丈夫な高度3000メートルまで、飛行機の高度を落とすという。訓練を受けたパイロットなら、5000メートルくらいまでは酸素マスクなしで的確な操縦ができたと想像できる。

62 海に不時着したら零戦は浮くのだろうか？

敵弾を被弾したら、まず撃墜ということばが頭のなかにちらつく。幸いにして、機体が火を吹かなければ、そのまま飛びつづけて着陸することができる。けれども、主脚が出ないだとか、トラブルをともなっていることはまずまちがいない。近くに広い平地があれば、胴体着陸を試みることもできる。零戦は翼面荷重が低いから、エンジンを切って滑空するように胴体着陸をすれば、漏れた燃料に火がつく確率も低い。うまくいけば助かる公算はかなり高い。

これが海ならどうだろうか。味方の軍艦が近くにいるのを見つけて、不時着水しようとしても、すぐに飛行機が沈んでしまうようだと、脱出の準備を全部終えてから着水に入らなければならない。零戦のパイロットは、海軍の兵隊だからカナヅチはいないはずだが、飛行服を着て革靴をはいてでは、そんなに泳げるものではない。よほど運がよくないと、助かるのは難しい。

零戦はさすがに海軍の飛行機である。不時着水しても、できるだけ長時間浮いていられるように、主翼の一部を水密構造にしている。具体的にいうと、一一型、二一型では、主翼の前縁部10～26番肋材の間と、桁間部11～26番の肋材の間（→P14参照）が水密区間になっている。要するに、20ミリ機銃の外の肋材から二一型で折り曲げることのできる間までが、水密構造になっているのだ。これが浮き輪の役目をはたすため、零戦は浮いていることができるのだ。

といっても、いつまでも浮いていることはできない。それに、漂流しそうなときに飛行機は金属でできているため、破片につかまっていては沈んでしまう。そのため、零戦の後部の胴体内にはゴム布製の空気袋がつけられていた。不時着水したときに空気で袋をふくらませれば、飛行機が沈んでも、この空気袋につかまって漂着できるようになっていた。

アメリカの戦闘機、なかでも、海軍機には機体に浮袋がついていた。しかも、アメリカの場合、戦闘区域の下には、海中に潜水艦を待機させるなど、搭乗員の救助には万全の体制をしいていた。

ブッシュ大統領の父、パパ・ブッシュ（元大統領）は、アメリカ空軍時代に日本機に撃墜されたが、待機中の潜水艦に救助され、一命を取りとめたのは有名な話である。

しかし、日本では戦闘区域に潜水艦を待機させた話は聞かない。救助に向かったという記録はあるが、戦闘後、何時間もたっているし、広い海域のこともあって、搭乗員が救助されたかどうかも不明である。

63 零戦のオーバーホールは何時間ごとに行なわれたのか？

零戦が戦地に配備されはじめたころは、まず飛行訓練が行なわれた。どんな飛行機でもその特性をつかまなくてはならないから、配備されたからといってすぐに戦場へ行って戦うことなどなかった。第2次世界大戦に入る前までは、パイロットの訓練といっても、ひとり1カ月25～30時間くらいだった。

昼夜の区別なく訓練は行なわれる。パイロット以上に忙しくなるのは整備士だ。飛行前後の点検にはじまって、小さな修理、燃料の補給までが整備士の仕事になる。とくに、初期の零戦は主脚の引き込みができなかったり、旋回中にGがかかると脚が出てしまったりと、トラブルは続出の状態だった。これを直すのも整備士である。

もっとも大事なのが、「計画整備」。すべての零戦は、100時間飛行すると、オーバーホールを行なうことになっていた。エンジンのカウリングをはずしてエンジンの調整をしたり、パイロットからの話を聞きながら、各部をことこまかにチェックする。

F1レースでは、プラクティスを何回か行なって、徐々に調整してゆき、タイムアタックから本番にかけて最高の調子にもっていく。本番が終わると、オーバーホールして次のレースに備える。零戦のオーバーホールも、このF1と似たところがある。ちがうのは飛行時間で決めることぐらいだ。

では、民間機はどうなっているだろうか。日本航空の場合、ジャンボジェットの整備は3段階に分かれている。

A整備と呼ばれるものは、400時間ごとに行なわれる。次の段階はC整備といわれ、4000時間または15カ月に1回行なわれ、整備工場（ハンガー）に機体を収容して本格的に整備する。第3段階のM整備は、1万5000時間または5年を経過した機体に対して行なわれる。もちろんハンガーに入れて、シートなども外して、機体全体のオーバーホールを行なうのである。戦闘機とちがって宙返りをするわけでもないし、無理な操縦をすることもない。定期点検を積み重ねているから、オーバーホールまでの時間も長いのだ。

零戦は戦争中でも、100時間のオーバーホールは変わらない。零戦は戦いになると、ほとんど毎日のように出撃する。整備士はダメージのないものでも日常の点検をして、燃料の補給をする。けれども、戦闘で被弾して戻るもの、小破して戻るものなどがある。整備士としては、これらもまた、修理して戦場にでられるようにしなければならない。

前線では満足に修理用の部品が手に入らないことがある。部品がなくなると、程度の悪いものは部品供給用の、ただの物体に変わってしまうのだ。

64 操縦席は防弾ガラスになっていたのか？

零戦の性能要求が前代未聞というくらい厳しかったわりには、燃料タンクと操縦者の防弾の要求はなかった。日本軍は一騎打ち的な戦法を重視したため、敗れたら死ぬのも仕方ないと考えていた。

だから、防弾を充実させることによって、重量が増えることを嫌ったのである。それに加えて、日華事変では日本軍が優勢だったので、防御の必要性を感じていなかった。性能のよい飛行機で戦えば、かならず勝つというおごりもあった。

だいたい、日本の技術は最先端を行っていたのではない。世界を追いかけていたのだ。日本がたまたま世界の先頭に立つ飛行機をつくったからといって、ほかの国がそれを上回る飛行機をつくることができないと考えるのがおかしい。

冷静になって世界を見渡せば、せいぜい有利にことをすすめられる時間は1年程度と判断することもできたはずである。

客観的な判断ができなかったことが、零戦ひとつだけでなく、戦局にも大きな過ちを残す結果となったのだ。

零戦に防弾ガラスがはじめて採用されたのは、昭和19年4月から生産がはじまった五二乙型からである。

しかもそれは、風防正面ガラスの内側に、45ミリ厚の積層防弾ガラスを追加しただけである。五二丙型になってようやく、パイロットのシートのすぐうしろに55ミリ厚の防弾ガラスと8ミリ厚の防弾鋼板を追加した。

F4Uコルセアは、はじめから正面には防弾ガラスを取りつけ、シートのうしろには、12・7ミリ弾までなら防ぐことができる防弾鋼板が取りつけられていた。F6Fヘルキャットの防弾ガラスは、曲面の正面ガラスの内側に別個に取りつけられていた。後方の防弾板は厚さが12・7ミリもある。

しかも、燃料タンクのまわりも防弾板を張っていたこともあって、零戦の7・7ミリ機銃をいくら撃ち込んでも、F6Fは落ちないといわれていたほどだ。パイロットを保護し、安心して戦わせる思想がそうさせたのだろう。

日本は戦争中盤に入るころから、ベテランパイロットが撃墜されて戦死し、パイロット不足に泣くことになる。パイロットを1人養成するのにはコストと時間がかなりかかる。日本軍がこれに気づき、防御をきちんと施して生きのびる大切さを教えていたら、まだまだ生きて活躍した人もいたことだろう。

65 零戦の最大の弱点はどこか？

零戦は、防御という点に関してはまったく考慮されていなかった。それよりも、1000馬力程度の低馬力で運動性能や航続力などを高めるために、軽量化がはかられて、外板の厚みも1ミリから0・8ミリと薄くされていた。

敵機との性能の差が大きくて、圧倒的に優位に立っているときは、防御の必要性も高くない。零戦ではそれを過信しすぎたのだ。

防御にはまったく配慮されていない零戦の最大の弱点となったのは、燃料タンク。防御もなにも施されていないので、射程距離からアメリカ軍の12・7ミリ機銃で撃たれると、薄い外板を簡単に貫いて、燃料タンクにあたる。燃料タンクはすぐに弾丸に突き破られて燃料が漏れる。こうなると、なにかのひょうしに火がつけば、零戦は火に包まれて撃墜されてしまう。

アメリカ軍の飛行機の燃料タンクは、主として機首部にあったのに対し、零戦のメイン燃料タンクといえるものは翼にあった。機首部より翼のほうが大きい。撃つほうからすれば、翼は絶好のマトになる。

戦争開始直後はあれほど恐れられた零戦も、F6FヘルキャットやP-51ムスタングが登場して零戦を圧倒するようになると、アメリカ軍では零戦を撃墜することを「かも撃ち」とまで呼ぶようになった。燃料タンクにヒットすると、簡単に落ちてしまうので、かも猟にたとえられたのである。

アメリカ軍の飛行機の燃料タンクは、零戦ほどやわではない。タンクの内側は厚いゴムが何層にも張り合わされていて、ゴムの層の真ん中には生ゴムを入れている。銃弾が貫通しても、生ゴムが穴をふさいでしまう。この防弾タンクを壊そうと思ったら、同じところをめがけて何発も撃ち込み、生ゴムでは防ぎきれないような穴を空けなければならない。1発で落ちていく零戦と大きくちがうのだ。

戦争中盤以降、防弾の必要性を感じたときには、燃料タンクの防弾装置に関する技術は大きく立ち遅れていた。また、戦況も不利になっていたので、防弾装置に使うゴムなどの物資も手に入りにくくなっていた。

零戦五二丙型では、胴体内のタンクはいちおう内袋式の防弾タンクとすることになっていたが、実際には試作が間に合わなかったので、防弾タンクにはなっていなかった。防御をあまりにも軽視しすぎたため、終戦を迎えるまで満足のいく防弾タンクは、とうとうできなかった。

66 敵にうしろを突かれたらどうやって逃げたのか？

運転のうまいドライバーは常に視線を動かして、前後左右に気を配り、状況判断をしているといわれている。だから、危険の回避も素早くできて、結果として事故を起こしたり、巻き込まれたりすることが少ない。ところが、ごく普通のドライバーはなかなかそうはいかない。

高速道路では前よりもうしろに気をつけて運転しろといわれる。前は信号もなければ、人のとびだしもない。うしろのクルマの動きに注意を払って運転していれば、うしろのクルマが車線変更したいのか、追い抜きをしたいのかがわかり、事故に巻き込まれる確率も少ないというわけだ。高速では前4割、後6割の比率で見るようにしろといわれている。

飛行機の空戦も、高速道路の運転と似ているところがある。前ばかり見ていると、まわりの状況がわからなくなってしまう。前の敵機を追いかけていたはずなのに、うしろから敵機が迫っていたということは、よくあることだった。

前に気がとられているときに、うしろの敵機に気がつくのは、うしろから撃たれたときである。零戦はキャノピーが飛び出しているので後方の視界も比較的よく見える。それでも、前に注意が集中してしまうと、うしろはおろそかになる。うしろからの銃弾も、翼に多少被弾した程度なら問題はない。うしろの敵機から逃げればよい。

そのときにもっともよくとった回避行動は、自動車で急カーブをきるように、左または右のフットバーを強く踏んで方向舵をきかせ、操縦桿も前に倒して昇降舵を下げて、左下方や右下方に滑るようにして機銃弾から逃れることである。

このときに、背後から敵機が追ってくるようであれば、一気に急降下に入り、折りをみて急上昇に転じて、巴戦に持ち込んで、今度は逆の立場で相手を追い詰めて撃墜する。当初は効果的だったこの戦法も、零戦の運動性能がすぐれていることを知ったアメリカ軍は、零戦が急降下に入ったら深追いはしないようにと命じたこともあって、撃墜できなくなった半面、楽に背後の敵機からは逃げられるようになった。ベテランのトップエースといわれている人でも、1度や2度はこうした修羅場をくぐり抜けてきているのである。

悲惨だったのは、艦攻や艦爆。攻撃が終わったあとや、敵に近づいたとき、F6Fヘルキャットなどに追いかけられることがある。背後につかれたから、回避行動をとろうとして左や右のフットバーを踏んで横滑りして逃げようとした瞬間に、方向舵が壊れ、そのまま墜落する事故が相次いだのだ。緊急時のパイロットの行動を読みきれなかったための設計強度不足だが、1発も撃たれないのに墜落したのでは浮かばれない。

■コラム③　アメリカ軍の飛行場の設営

日本軍が南方に進出して飛行場をつくるとなると、つるはしやシャベルを使って人海戦術で行なっていた。占領してから滑走路を完成させ、飛行機を飛ばすことができるまでには、2〜3カ月の時間を必要とした。

ところが、アメリカ軍は上陸するとすぐにブルドーザーなどの機械力で整地を行なう。整地がすんだら、マリリン・モンローのスカートを吹き上げた、地下鉄の空気抜きに使われているような井桁に組んだ鉄の板状のものを敷きつめる。これで滑走路は完成である。飛行機が飛べるようになるまでの時間は、10日くらいだった。

滑走路に爆撃を受けたら、日本軍のほうはまた人海戦力で穴を埋め戻したりして整地しなくてはならないが、アメリカ軍の基地は部分補修だけでよい。

南方では、日本軍は新しく築いた基地などで、マラリアやノミなどに悩まされることが多かったといわれている。ただジャングルを切り開いただけだから、その土地の風土病にかかる確率は高かったのである。

ところがアメリカ軍は、基地を設営する場所の害虫駆除からはじめていた。戦いに専念できる環境をつくっていたのである。

第4章 「零戦」パイロットの謎

零戦のコックピット内（手前の座席の大きさからわかるように内部は想像以上に狭い）

◎コックピットと計器

コックピットに乗り込んだパイロットは、目の前の計器をチェックする。燃料計を見て燃料の確認をして、燃料コックをメインタンクにあわせる。

エンジンが動いたら、動力関係の計器を見る。まずは油圧計である。燃料系統にトラブルがあれば、エンジンはすぐに止まる。しかし、油圧が上がらなくてもエンジンは止まらないから、焼きついてしまう。アイドリングをしながらエンジンの調子をはかっていた。油圧は1平方メートル当たり4キログラム、油温は40～50℃が最良である。

だから、エンジンが回りはじめたら、油圧計、油温計、回転計（タコメーター）、筒温計、燃圧計など、コックピットの右側にある計器類を確認することになる。エンジンの状態をいちばん的確にあらわすのが、タコメータ

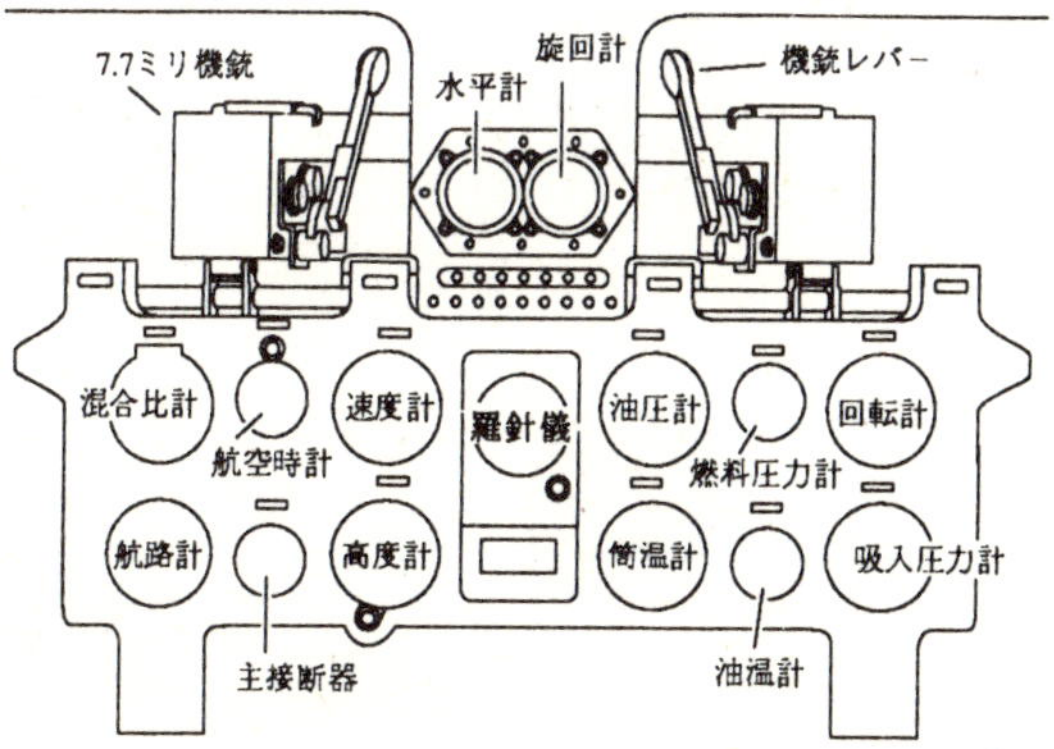

ーと吸入圧力計（ブースト計）。

ブースト計は右側3分の1は赤色で、それ以外は黒色で表示されている。ブースト計はシリンダーに送り込まれる混合気の圧力を示すもので、黒（ー）ブーストは混合気をシリンダーが自然に吸い込んでいる状態で、赤（＋）ブーストはスーパーチャージャーによって押し込んでいる状態である。0が黒ブーストの最高出力で、赤ブーストはゼロ戦二一型ではプラス25ミリが最高だった。

いよいよ出発である。回転数をあげ、ブースト0までエンジンをふかす。零戦のプロペラは左回転だから、そのままでは左方向に進む。直進させるためにフットバーの右側を踏み込む「当て舵」で修正しながら直進して上昇する。

必要高度に達したら水平飛行に移る。機体が水平に飛んでいるときは、水平儀は機体と地上をあらわす線が一

水平計の動き

直線になっているが、機種が上や下を向いていると、地上を示す線が下や上にずれる。機体が左右に斜めだと、その線が斜めになって水平でないことを示す。前後左右、水平かどうかは水平儀でわかる。

水平旋回に入ると、旋回計が機体の状態を示してくれる。旋回計は黒い玉がメーターの下方についていて左右に動くようになっている。その上に機体が左右のどっちを向いているかをあらわす針がある。機体が進むべき方向にきれいな円を描くように旋回をしていると、針はその方向を示すものの、黒い玉は真ん中から動かない。

ところが、バンクが過大になったり、方向舵で無理にききすぎるようにすると、黒い玉は動きすぎの方向に寄ってしまう。すぐに修正する必要がある。計器からだけでも、機体の状況は判断できるのだ。

旋回計の動き

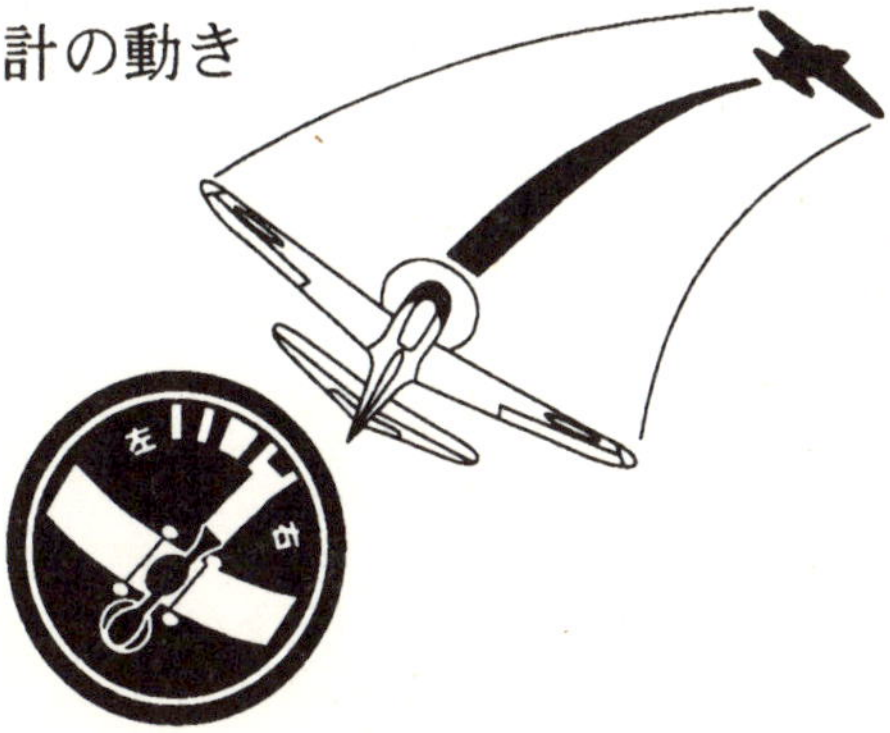

67 パイロットの養成は1人1000時間もかかった?

海軍でパイロットになるには、2つの方法がある。海軍兵学校をでた士官がなる場合と、下士官がなる場合である。

士官がパイロットになるには、少尉や中尉から選抜採用される。少尉といっても、兵学校でたての若者である。すでに東大よりも難しいといわれるテストをとおって、4年間勉強に、兵役の訓練に明け暮れてきている。パイロットに選抜されたものは、飛行学生として8カ月間、飛行機の操縦などをひととおり研修する。

8カ月間ですべてが終わって、すぐに戦闘にでるのではない。それから実施部隊で約1年間の実地訓練を受ける。これでようやく1人前になるわけだが、空母や基地部隊の基幹パイロットになるには、さらに1年くらいの修業が必要となる。どんなに早くパイロットになれたとしても、2年8カ月はかかるのである。

下士官の場合はもっと時間がかかる。

まず、飛行予科練習生にならなければならない。いわゆる「予科練」である。これには甲、乙、丙の3種がある。甲は中学3年修了程度(いまの高校)の学力があって、15〜17歳

の者が対象になる。乙は年齢は同じだが、学力は高等小学校修了程度。丙種はすでに兵士

になっているものから採用する。ただし、年齢制限があって24歳以下の者である。予科練

は甲種で1年2カ月、乙種で2年4カ月、丙種は一般的なことは理解しているからか3カ

月と、それぞれの種別によって修業期間は異なっている。

予科練が終了すると、ようやく飛行練習生になる。これはみな同じ1年間である。そし

て実施部隊、基地部隊の基幹パイロットとなる。最長では予科練に入ってから5年と4カ

月もたって、やっと1人前になる。最短の丙種でも3年3カ月もかかる。そして、ベテラ

ンと呼ばれるようになるには、1000時間以上の飛行経験が必要だった。

パイロットの大量養成計画案が正式に海軍航空本部から提示されたのが、第2次大戦開

戦直前の8月のことである。パイロットの養成にはこれだけの時間がかかるのである。と

てもすぐ目の前に迫った戦争に間に合うわけがない。

海軍は大艦巨砲時代を突き進んでいたので、航空戦力を少しみくびっていたのかもしれ

ない。それが、この計画案の提示が遅れたことで、戦争後期には飛行機があっても熟練パ

イロットがいないなど、パイロット不足を招いた。終戦近くなると、パイロットの育成に

あたる教官にも「特攻隊に使うのだから、飛行機の飛ばし方さえ教えればよい」という上

からの指示もあり、戦闘のできない未熟なパイロットまで駆り出され大空に散った。

68 零戦には乗り込むダンドリが決まっていた?

零戦に乗るには手順がある。といっても、儀式めいたものが必要なわけではない。まず、左主翼のフラップのうしろに立つ。そして、左主翼のほうから零戦を1周する。自動車学校にかよった人なら経験あると思うが、まず自動車を1周してから乗り込む。まわりに人がいないか、障害物はないか、自動車の外観に変わったことはないかなど、安全を確認するためである。免許をとってしまえば、大半の人はもうそんなことはしない。そのため、たまに事故を起こす人もいる。

零戦のパイロットも基本的には同じことをするわけだが、まわりの人を確認するのではなく、むしろ自分の零戦の外観を確認するためである。タイヤの空気圧、車輪止め、胴体の各点検、窓カバー、燃料補給口のフタは閉まっているか、20ミリ機銃の銃口の栓は取りのぞかれているかなどをチェックする。1周して戻ってきたら、胴体に描かれた日の丸の下あたりと、主翼の付け根にある足掛けを2つ引き出す。さらに、胴体に小さな丸い切り込みがあるので、それを押すと手をかける把手がでてくる。これも2カ所ある。

把手に手をかけながら足掛けを使って翼の付け根のところに乗る。このとき注意しなければならないのは、すぐそばにフラップの位置を示す赤い線が引いてあるので、それを絶対に踏まないこと。零戦によってはここに足を置けというように、足の位置を赤で描いたものもある。

そして、コックピットに座ってシートベルトをしめて、出発の時間を待つ。足かけや把手は整備士がもとに戻す。

こんなことができるのは、事前に出撃の時間が決まっている場合などである。日華事変から第2次大戦のはじめまでは、日本軍が戦いの主導権を握っていたので、手順をきちんと踏んで出撃することができた。

ところが、戦況が思わしくなくなると、敵機がくるという情報が入ってから出撃することが多くなる。いわゆるスクランブル発進だ。そうなると、悠長に飛行機を1周してから乗り込むなどしない。飛行機に近づくと、いきなり足掛けと把手を引き出してコックピットに乗り込み、出撃体制をとることもあった。

飛行機は、基地に帰還したときから、整備員がいつ出撃があってもいいように整備をしている。だから、本当は飛行機のまわりなど見なくてもよいのかもしれない。でも、戦闘のあとなどを確認しておき、常に自分の乗っている飛行機の状態を知っていることは、戦闘に向かう者にとっては必要なことなのだ。

69 零戦のエンジンはセルでかけたのだろうか？

現在の自動車の始動は、すべてセルフスターター、いわゆるセル方式である。キーボックスにカギを差し込み、時計まわりにカギを回すとモーターによってエンジンかかかる仕組みになっている。最近は50 ccのスクーターやオフロードのバイクにもセルがついているほどで、キーでエンジンがかからないのは時代遅れといわれそうだ。

零戦はどうだったかというと、残念ながらセル方式ではない。チャップリンやバスターキートンの無声映画時代に走っていたクルマのように、クランクを回してエンジンをかけていた。

ただ、飛行機のエンジンはクルマのエンジンよりも排気量も大きいし、気筒数も多い。クランクを使って簡単にエンジンをかけるわけにはいかない。いまではなかなかお目にかかれない。

零戦のエンジンをかけるときは、パイロットはコックピット内にいて、メインスイッチが「断（Ｏｆｆ）」になっていることを確認する。そして、整備員にイナーシャ・スターター（慣性起動機）を回してもらう。回転音をきいて回転数が最大になったときに、大声で「コンタクト」と叫んで整備員に知らせ、メインスイッチを入れる。イナーシャ・スターターの回転力がエンジンに伝わって、エンジンが動き、プロペラが回りはじめる。このときに、スロットルレバーを少し開き気味にして、エンジンが本格的に動くのを待つ。

むかしのクルマのように、自分でクランクを回して自分で運転するのではなく、ひとりがイナーシャ・スターターを回し、パイロットがコックピット内でスイッチ類を操作する。2人がかりでエンジンをかけていたのである。

同じころのアメリカ軍の飛行機は、ほとんどセルフスターターでエンジンをかけていた。ちょうどコックピットの後部の下あたりにバッテリーを積んでいて、この電気を使ってセルを回していたのである。

ただし、F4Uコルセアのスターターは少し変わっている。セルフスターターモーターを使うのではなく、火薬の爆発ガスの圧力でクランクシャフトを回していた。仕組みはこうだ。ブリーチに火薬の入ったカートリッジをいれ、これを操縦席のボタンを押して電気で着火して爆発させる。爆発したガスはパイプをとおってスターターを回し、機外に放出される。爆発ガスで回ったスターターはエンジンを回転させる。機体の逆ガルウィング同様、ユニークなエンジンのかけ方である。

70 乗り込んだパイロットはまず何をしたのか？

自分の自動車に乗り込んだドライバーがまず最初にすることは、シートベルトをしめることである。そして、ルームミラーやリヤビューミラーを調整してエンジンをかける。自分のと断ったのは、はじめて乗るクルマの場合とはちがうからである。他人のクルマに乗るときは、シートの位置を自分の体にフィットするように調節して、シートベルトをする。たまにシートベルトをしないで運転している人もいる。このような人は、いくら注意されようが、罰金を支払うことなろうが、きちんとシートベルトをするわけはない。自分だけは事故にあわないと考えている人なのだ。放っておくしかない。

さて、零戦である。零戦に乗り込んだら、まずすることは、燃料の確認である。燃料計を見て、ちゃんと入っていることを確認したら、燃料コックをメインタンク使用の位置にセットする。

その次にようやく、パラシュートバンドとパラシュートをつなぎ、外に飛びだすときに自動的にパラシュートが開くように、自動索と呼ばれるヒモが機体にしっかり結びついているかを確認する。

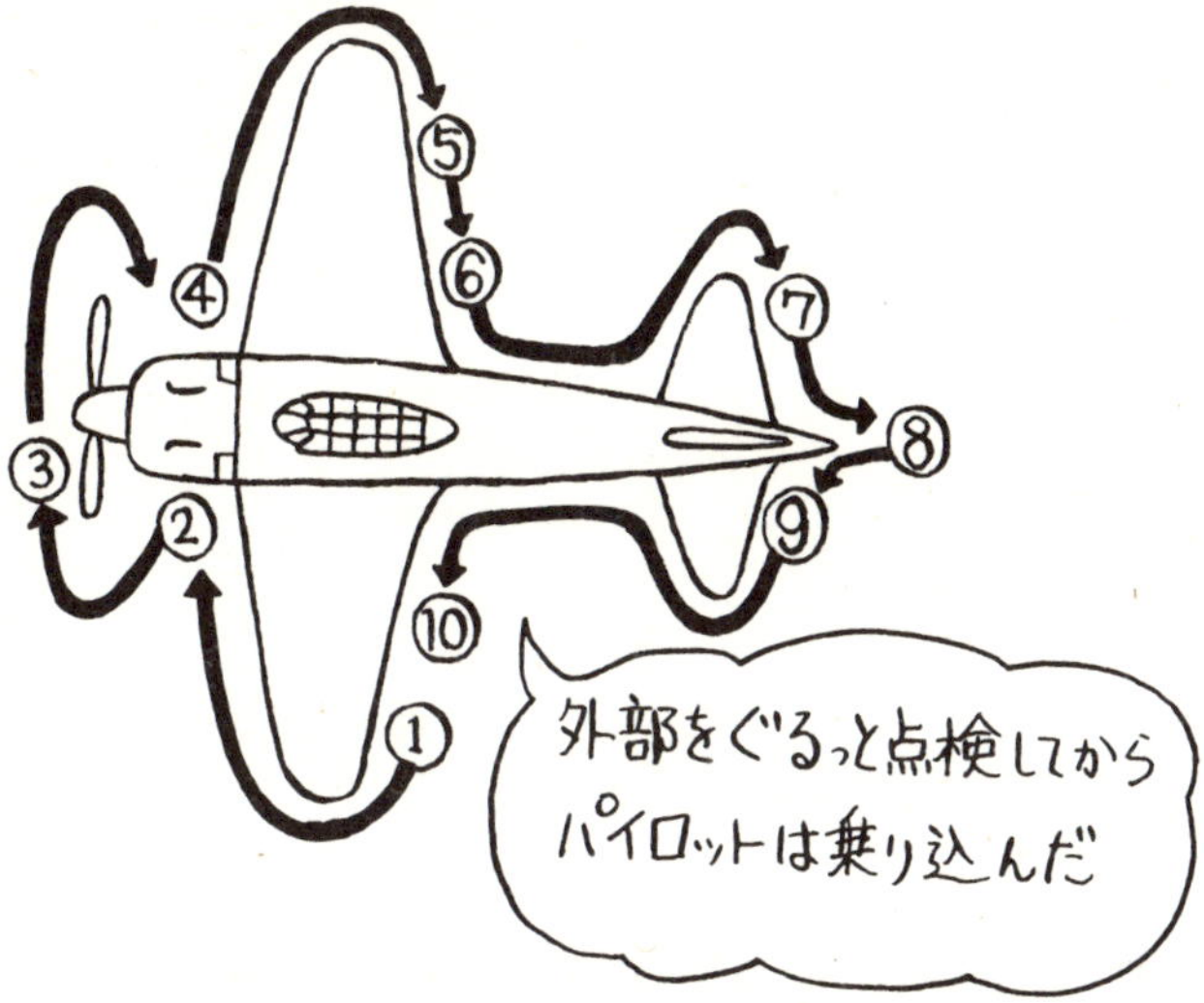
外部をぐるっと点検してから
パイロットは乗り込んだ

そして、腰と肩のシートベルトをきちんとしめる。零戦のシートベルトは、自動車のように3点式ではない。

むしろ、F1ドライバーのするようなシートベルトや、ジャンボなどの旅客機で離着陸のさいに、スチュワーデスが折りたたみ式になっているシートでつけているような、肩と腰をしめているシートベルトに似ている。

自動車の運転とちがうのは、ここまでまずやってから、座席の位置を決める。足がフットバーにとどかなくては意味がないので、シートが遠かったら前に動かし、近すぎればうしろにずらす。

また、シートの高さも調整する。これでエンジンをかける前までの準備は全部完了したことになる。

71 操縦席にはどんな計器があったのか?

零戦のコックピットに座ると、正面に3段、計器が並んでいる(↓P174参照)。いちばん上の段には2個の計器がある。左に人工水平儀、右に旋回計である。飛行機がいまどんな状態にあるのか、地平線に対して水平なのか、上昇しているのか、下降しているのか、あるいは斜めになっているのか、それがひとめでわかるのが、人工水平儀である。旋回計は、自分が旋回しようとしている方向に正しく舵が効いて、正しい旋回をしているのかどうかを確認するものである。

2段目には、左から混合比計、航空時計、速度計(スピードメーター)、羅針儀、昇降計、燃料圧力・油圧計、エンジンの回転計(タコメーター)がある。タコメーターはエンジンをかけるときや離陸時など、非常に重要である。オートバイや自動車のレーサーは、スピードメーターは見なくても、タコメーターはかならず見る。エンジンを極限まで使うからだ。飛行機の場合は、エンジンをかけるときやアイドリングのとき、離陸時など、タコメーターによってエンジンの出力を判断するのである。

いちばん下の3段目には、航路計、高度計、吸入圧力(ブースト)計、シリンダー温度計、排気温度計の5つがある。航路計と高度計の間には、エンジンのメインスイッチがある。計器は5つだが、レイアウトからは計器が6つ並んでいるように見える。

おもしろいのは高度計。たとえば霞ケ浦から飛び立つとしよう。霞ケ浦は海抜0に近いからここを0にあわせておくと、ここより海抜の高い飛行場におりると、高度計は0をささずにそこの高度をさす。だから、海抜200メートルの飛行場を飛び立つときに高度計を0にしておくと、霞ケ浦につくときにはマイナス200メートルをさすことになる。そのときの地上との差を示すわけではない。計器だけに頼るとたいへんなことになるのだ。これは現在のような電磁式のものではなく、気圧式のものを使っていたからである。

計器はコックピットの正面にあるだけではない。フットバーの左足のすぐ右横には酸素計と酸素圧力計がたてに並んでいる。また、コックピット左前方のスロットルレバーのある配電盤の下にも計器が3つ並んでいる。いちばん前から、大気温度計、胴体タンク燃料計、翼内タンク燃料計である。

零戦とくらべると、F6Fヘルキャットの計器はシンプルに見える。零戦の計器の数が中央から左右にあるのにくらべ、F6Fは中央に必要な計器を、そして、右サイドには電気系統の計器をもってきたことで、非常に見やすいレイアウトになっている。要するに、零戦は人の手で動かさなければならないことが多かったといえる。

72 飛んでいるときの食事はどうしていたのか？

海軍のパイロットは食事には恵まれていた。操縦訓練生になると、一般の兵食に牛乳1本とタマゴ1個が別に配られる。海軍の空中勤務者だけに与えられる航空増加食である。飛行機乗りは人一倍体力を使う。視力がよくなくてはならないので栄養失調から視力が落ちたりトリ目になっては困るなどの理由で、高カロリーの食事がだされた。

戦況が悪くなってもこれは変わらなかった。食事はパイロットに優先的に食べさせた。物資の補給が途切れると、生鮮食品は入手できなくなって、主計科の兵士は缶詰をくふうして食べさせてくれる。そんなときには、南方ではデザートに現地のくだものを手に入れてだしてくれた。それも、司令官にはださなくても、パイロットにはだしていた。

陸軍ではこうしたことはなかったというから、海軍のパイロットは大事にされたのである。零戦は航続距離が長いだけに、7〜8時間乗り続けている。そうすると、機内で食事をとることになる。この機内食も高カロリーのものが用意されていた。

連戦連勝がつづいていた昭和17年ころまでは、サイダーや寿司、チョコレートなどをもらい、パイロットはピクニック気分で出撃していた。

ただし、サイダーをあけるときには注意が必要だった。飛行機は上空3000〜4500メートルを飛んでいるので、地上とは気圧がちがう。地上のつもりでサイダーをあけると、気圧の関係で炭酸ガスが勢いよく飛びだす。コックピット内はサイダーだらけになる。サイダーは砂糖水に炭酸を加えたものだから、乾くとそこら中は砂糖でベトベトになる。だから、いったん地上で栓を抜き、炭酸を少なくして上空で再び栓をあけたのだ。

航空弁当は、機内で片手で食べられるように工夫されていた。海苔巻きや稲荷寿司、これにくだものなどがつく。ときには大福などもあって、パイロットを喜ばせた。

パイロットに限らず、戦時中は甘いものは喜ばれた。兵隊さんというと、酒飲みのようなイメージがある。だが、第一線で活躍しているのは20歳をちょっとすぎたばかりの若者である。チョコレートや大福、ぼたもちなどは彼らにとってはゴチソウだった。

また、パイロットのなかには、いわゆる〝のんべぇ〟もいたが、翌日に出撃があるときは、酒を控える人がほとんどだった。

二日酔いなどで酒が残っていると、実戦での感覚がまるでちがう。命をかけて戦闘をするのだから、飛行機の操作がほんのコンマ何秒かちがっても敵機のエジキになることもある。また、格闘戦などでは大きなGがかかってくるので、旋回が大きくなったり、急降下から反転するときに気を失ったりすることもあるからだ。これでは満足に戦えない。

73 零戦には機内にトイレがあった⁉

旅客機とちがって、零戦のパイロットは席を立つこともできない。それでも、お腹がすくように、生理現象はある。小便ならまだいい。零戦には座席の下に朝顔みたいなジョーゴがあって、ここにすればひとむかしの列車のようにたれ流しながら、小便はできた。ただ、注意しなければならないこともある。

飛行機が飛んでいるということは、飛行機全体に外側から圧力がかかっていることでもある。朝顔ジョーゴに局部をしっかりつけて排尿すれば、小便は機外に排出される。たれ流し式のトイレの列車だと、トイレのうしろにいる人が不用意に顔をだしていると、ありがたくない霧状のものが飛んでくることがある。空を飛んでいる飛行機の場合、まず列車のようなことはないから、それだけでもマシである。

ところが、朝顔ジョーゴに局部をしっかりつけないで、シビンのようにしたりすると、外の気圧のほうが高いので逆流してしまい、コックピットのなかは一面に小便をまき散らしたようになってしまう。こうなると、パイロットは自分の小便にまみれて飛びつづけることになる。それでも、パイロットは風防をしめて操縦しているうちに、鼻がニオイになれてしまって気にならなくなる。

悲惨なのは、その飛行機を整備する整備員である。コックピットに近づいたとたん、パイロットの小便のニオイを嗅がされる。パイロットのなかには小便をしてしまったことを話す人もいるが、まったくいわない人もいる。不意を食った整備員はかわいそうだ。

朝顔ジョーゴを使わないパイロットの必需品といわれたのが小便袋。南方でマラリアなどの高熱の病人用に氷のうが使われた。大きさといい、丈夫さといい、小便したいときのシビンの代わりには最適なので、これが小便袋として使われるようになった。

小便がすんだら、氷のうの口の部分だけ風防の隙間から出す。すると、気圧の関係で小便が吸い出され、霧状になって後方へ消え去るというわけだ。このときも、手ぎわが悪いと顔を直撃した。氷のうは長距離行のときにはパイロットの必需品となった。

困るのが大便。搭乗を控えているときは身体に注意はするものの、必ずしも毎回万全な体調で搭乗できるわけではない。下痢のときにも出撃する。そうすると、ガマンにも限度があるので、そのまま垂れ流していた。汚い話だが、下痢のときは便も水っぽい。お尻の下にはクッション代わりのパラシュートがある。飛行服をとおして、パラシュートにも水分は移る。パラシュートは洗濯するわけではないので、1回大便したおかげで、次回以降はニオイともども行動をするはめになる。

74 パイロットの装備は決まっていたのか?

零戦などの戦闘機のパイロットの装備は、いまの旅客機のパイロットのように、ツバのある帽子に背広のような制服というわけにはいかない。

現代の戦闘機パイロットでも、飛行服にヘルメットはかならず身につけて搭乗する。コックピットは旅客機のように広くはないが、エアコンも装備され、零戦とは比較にならないくらいの快適さである。それでも、戦いやすい(動きやすい)スタイルで搭乗する。

零戦パイロットのスタイルは、頭にフィットした耳までおおうことができる飛行帽、ゴーグル(当時は飛行眼鏡といった)、飛行服、飛行靴、手袋、ライフジャケット、パラシュート、そしてこれにピストルをもつと、パイロットの装備は完了する。

飛行帽は、陸上にいるときは耳の部分は上に折り上げていた。南方では暑苦しいし、話をするときには聞き取りにくいから邪魔になる。帽子の耳の部分も下げてきっちりとアゴのところで止めるのは、出撃のときだけだ。

ゴーグルにしても、搭乗したらすることになっていたが、風防があるので必要性を感じないのか、3000~4500メートルくらいで巡航するまでは、していないパイロットが多かった。

高度6000メートル以上に上昇するときに、はじめてゴーグルをするのが一般的だったようだ。同時に酸素マスクもつけて、高々度での備えを万全にする。これで1万メートルくらいまでは上昇するのである。

これらのほかに、航空図と記録板ももっていた。航空図には、出撃予定の進路、高度、気象状況などに加え、攻撃目標の概略図、友軍各隊の状況などが書かれていた。

記録板は制式なものはなかったようで、パイロット1人ひとりが工夫してつくっていた。これには、あらかじめ必要な事項を書き込んでおき、途中の天候や進路修正、時刻、偵察状況、戦闘状況などを書き込んでいた。

そして、基地に戻ったら、相互に確認して指揮官から司令に報告する資料になっていた。こうしたものが残っているから、だれが何機撃墜したのかが、いまでもわかっているのである。

パイロットは正式な装備だけをもって搭乗していたのではない。長距離を飛ぶときは弁当やサイダーも渡される。前にも書いたが、小便袋のような生理上必要なものはもっていったし、それ以外でも、お守りや家族の写真、恋人の写真、千人針など、それぞれが思い思いのものを持ち込んでいた。

75 エアコンなしの零戦で使われた電熱服ってなんだ?

零戦は高度1万メートルを超す高々度まで上昇できるので、パイロットがそれに耐えられる装備もつけていた。酸素ボンベを積み、酸素マスクを用意していたのである。ただ、飛行機だけでは対応できないこともあった。気温である。

当時の飛行機は、旅客機とちがってコックピット内が与圧されていて、エアーコンディショニングがきいているという条件下にはない。高度1万メートルにもなると、季節にもよるが、春や秋で地上の気温が15℃前後のときにマイナス40℃にもなる。風防をしめていても外気は入りこんでくる。

こんな寒さのなかで普通の飛行服だけで零戦を飛ばすのには、パイロットに負担がかかりすぎる。そこで考案されたのが、電熱服である。むかしの電気コンロのように、電気でニクロム線を熱し、石綿でニクロム線を包んで、飛行服の中綿に火がつかないようにして熱を伝えるというシロモノであった。

ところが、当時は高品質のものがつくれない。技術がまだまだのときである。電熱服を何回か着ていると、動きの多いところの石綿がずれて、ニクロム線が直接飛行服の中綿にあたる。すると、そこから火がついてヤケドをするパイロットが続出した。高々度を操縦しているときに、いきなりカチカチ山のタヌキになってしまうのだ。これでは着ていられない。パイロットはやむなく、防寒を十分にすることにして、電熱服の着用をあきらめた。

現在はどうか。航空自衛隊によると、マクダネル・ダグラスF－15Jなどの新型機では、コックピット内は与圧されていてエアコンもきいている。1万メートルくらいならば普通の服で十分だという。

もし、現在でもコックピット内が与圧されていないとしても、新素材で防寒服をつくるのはそんなに難しいことではない。白い水着を着ても透けない繊維を開発できるほどに、日本の繊維産業の技術力はすぐれているのである。男としては残念でたまらない。こんなものをつくった人の顔を見てみたいものだ。

それはともかく、防寒用でも、ダウンと同じ保温力を持ちながら、あんなにモコモコにならない化学繊維ができている。遠赤外線を使い、保温力を高める繊維もある。薄くて動きやすくて、暖かい飛行服をつくるのは朝飯前だろう。

第2次大戦のころだから、電熱服というユニークな発想になったのだろうが、できの悪いSF小説にでもでてきそうな奇抜なアイデアである。

76 パイロットが首に巻いていたマフラーの意味は？

パイロットたちの写真を見ると、みんなが一様に首に白っぽいマフラーを巻いている。まるでサラリーマンがネクタイでもするように、ごく当たり前のように巻いている。「パイロットはマフラーをせよ」という規則があったわけでもない。

それでもしていたのは、ひとつにはエリから入る風を防ぐという実利的な意味のほかに、第1次大戦時に約80機を撃墜したドイツの撃墜王、リヒトホーフェンが赤いマフラーをしていたのをマネたのだ。

パイロットたちは結構オシャレだったから、こういうことには敏感だったのだ。

マフラーは真っ白い絹でなくてはならなかった。なかには白でないマフラーをする者もいた。しかし、オシャレなパイロットがこだわったのは、常にきれいなものだから、それには白が彼らの感性にフィットしたのだろう。素材にしても、防寒のみの目的なら、別に絹でなくても綿もあれば毛もある。それなのに、絹を選んだのは彼らのオシャレ心だったにちがいない。

白いマフラーにしたのは、別の理由もあったという。

零戦は海軍機だから海上での戦闘がある。そこで敵の銃弾を受けて海上に不時着する場合もある。不時着したときに、マフラーを身体のどこかに結び、それから漂流するのだ。太平洋にはサメがいる。ジョーズのような人を襲うサメもいる。

ところが、サメの習性としては、自分より大きいものに対しては攻撃しないといわれていた。

そこで、マフラーを身体に結んで流すと、自分の身長が伸びたようになる。サメには大きな魚でも泳いでいるように見えるので、襲われないといわれていた。

赤はサメの好きな色だからダメで、白に限るということだった。実際は、サメが好むのは血のニオイであって赤色ではない。誰かが勘ちがいしたのが広まったのだろう。では、不時着したパイロットが、白いマフラーを流したおかげでサメから逃れることができたのかというと、成功したという話は聞かないので、本当のところは疑問である。

また、パイロットのなかには、他人とはちがう色のマフラーをする人もいた。リヒトホーフェンの「赤」に対抗し、「青」のマフラーで出陣するパイロットもいたという。

アメリカ軍のパイロットもマフラーをしていたのかというと、そうではない。飛行服のエリには毛皮がついていて、首周りの防寒をしていたのである。合理的といえばこのほうが合理的である。

77 空中で方向はどうやって確認したのか?

敵の基地を攻撃にいくときには航空地図をもっていく。巡航高度から地図を見ながら、いまどのあたりを飛んでいるのか、地形を頭に焼きつけながら飛ぶ。敵機と戦闘を行なうと、終わったときには自分の飛行機がどっちを向いているのかがわからなくなる。わかるのは、地上と空だけだ。そんなときに、戦闘をはじめる前に確認しておいた建物や地形が目に入れば、飛行機の向いている方向がわかる。

零戦には、どの方向に戻ればよいかがわかる「クルシー無線帰投方位測定機」がついていた。「ク式無線帰投方位測定機」と呼ばれていたこの装置は、もちろん国産ではなく、アメリカ製である。

はじめはアメリカから輸入していた。ところが、昭和14年ころになると、日本とアメリカの関係も緊張の度合いが高まってきたため、輸入が困難になってきた。それならと、そっくりコピーして国産化し、「1式空3号無線帰投方位測定機」と名前を変えて、制式採用した。

無線帰投方位測定機のためのアンテナは、コックピットのシートのうしろにあるヘッドレストの後方にあった。ループアンテナで、キャノピーのなかに納まっている。

無線帰投方位測定器は、主に空母から飛び立った飛行機が使っていた。空母は移動する。空母から飛び立った零戦が戦闘を終えて帰るときに、空母の位置がわからないのでは戻ろうにも戻れない。そのときに、空母から電波を発してもらい、それを受信して方向を知るのである。

残念ながらこの装置が役に立ったとはあまり聞かない。当然、電波は敵にも受信されることから、その位置を知られるのを恐れた空母が、電波を発信しなかったからだ。結局はパイロットの感で戻っていたようだ。だが、ベテランパイロットでも洋上の飛行で空母に戻るのは難しいのだから、未熟なパイロットは空母に帰艦できず、海に不時着したのも多かったという。

ク式無線帰投方位測定機が役に立っていれば、そんな苦労はしなくてもらくに空母に戻れていたはずだ。地上の基地の航空隊機の場合は、任務によっては取り外していた。

一方、アメリカもこれと同じような帰投装置を戦闘機に装備していた。しかも、日本のように電波を発信しないというようなことはなかった。これは、レーダーの開発が進んでいたこともあって、仮に日本軍がこの電波を探知し、攻撃をしかけてきても、レーダーの威力であらかじめ退避と防御ができたからである。

78 零戦1機に整備員は何人いたのだろうか？

パイロットが零戦を駆って活躍できるのも、いつもきちんと整備してくれる整備員がいるからである。整備が十分でなければ、パイロットの腕がどんなによくても、満足な成果を上げることはできない。

整備員は、自分勝手に好きな飛行機を整備するのではなく、自分の整備する飛行機が決められていた。機つきの整備員といって、持ち場が決まっていたのである。たとえば、第2小隊長の飛行機の整備員に決まったら、その飛行機を専門に整備するのである。機つきの整備員は、1機について1人以上である。航空隊によってもちがっている。だけど、少なくとも1人は1人のパイロットのための飛行機を整備するのである。

飛行機が戻ってきたら、まず第一に、整備員はパイロットに飛行機の状況を聞く。異常がなく活躍できたといわれると、整備員はうれしそうに笑顔で次の出撃のための整備にとりかかる。ところが、トラブルがあったといわれたり、敵弾で破損したときは厳しい顔ですぐにその箇所から整備をはじめる。

前線では毎日のように出撃する。トラブルによっては1人では手におえないものもあるので、同じ整備班員に手伝ってもらうこともあった。とくにエンジンは何人かで手分けして整備にあたった。

零戦は、プロペラが2枚羽根のときには、振動が激しかったため、3枚羽根にしたわけだが、3枚になってからも少なからず振動は起きる。とくに振動が激しいものは、整備員が調整し、パイロットにテスト飛行をしてもらう。パイロットが振動を気にならなくなるまで何度も修理をした。ここまで、手をかけているからこそ、突然の敵機来襲にもいつでも飛んでいくことができるのである。

エンジンや機体の調整は、パイロットの命を左右するわけだから、整備員とパイロットは一心同体といえよう。このコンビのコミュニケーションが取れていないと、戦力は大きくダウンする。整備員の役目は重要なのだ。

ジェット機とちがって、レシプロエンジンの零戦は暖気試運転があった。野戦飛行場だと、早朝は気温もかなり下がる。朝早い出撃が決まっていると、整備員はまだ暗いうちから起きだして、飛行機のエンジンがかかりやすいように、七輪であたためておく。そして試運転を開始する。

パイロットが乗り込むまでには整備はすでにすんでいる。出撃のときは無事に戻ってくるように願いながら、整備員は「自分の飛行機」を送り出すのだ。

79 パイロットは1日に何回くらい戦場に飛ぶのか？

零戦は艦上戦闘機として誕生したが、航続距離が長い。その零戦は、日華事変で戦っていた中国の前線基地・漢口に最初に投入された。ここでは、それまでの訓練の成果もあって、漢口―重慶間往復約２０００キロメートルを飛び、30分の戦闘をして戻ることができるようになっていた。時間にすると、往復約8時間である。これを飛びっぱなしにするのである。

アメリカに宣戦布告する12月8日（実際は手ちがいで宣戦布告が真珠湾攻撃のあとになってしまい、日本人はフェアではないといわれるようになった）は「Dデー」とよばれていた。そのDデーには当初、台南航空隊の零戦は空母でフィリピンの近くまでいき、そこから零戦で攻撃する予定だった。

ところが、零戦は航続距離が長いため、台南基地（台湾）から直接フィリピンのアメリカ軍基地まで飛んで空戦をしても、そのまま戻ってこられる見とおしがついたので、陸上基地から出撃することになった。

その後南方に進出しても、航続距離が長い利点を生かして、往復２０００キロメートル近い距離ならば、増槽タンクをつけて出撃することが多かった。また、近い距離でも往復となると、600キロメートルを越す敵の基地への攻撃が多かった。

長い距離を飛ぶということは、長い時間零戦に乗っていることでもある。往復で長いときには8時間前後、短い時間でも3時間以上は乗っている。1日8時間も乗ったときには、また乗ることはない。それなら、3時間くらいの短い時間に乗ったときはどうかというと、これまた基本的には乗ることはない。

戦争は熾烈《しれつ》な戦いである。人権など考えていないから、何時間でも戦わなくてはならないときはある。しかし、少なくとも飛行機による戦闘の場合は、偵察などをしたうえで敵の状況を見定め、戦闘スケジュールをしっかりとたてて攻撃に出かける。飛行機による攻撃をかけるときは行きっぱなしはない。たとえ戦果はあまり上げられなくても、戻ってきて、次の機会にまた臨まなくてはならない。次の機会とはその日にもう1度出撃することではない。1回飛んだ飛行機は、整備をして、燃料を満タンにして、いつでも飛べるようにしておくのである。

もちろん例外はある。基地に戻ってしばらくしたら敵が攻撃してきたときなどは、再び飛ぶことはある。けれども、実際の戦闘ではあまりなかったはずである。パイロットは1日1回しか飛ばなかったのだ。

80 零戦で名パイロットは何人生まれたか？

撃墜王を「エース」と呼ぶ。このエースの称号が与えられるのは、5機以上の敵機を撃墜した人だけである。「たった5機か」という声が聞こえてきそうだが、5機撃墜することがどれほどたいへんだったのか、空戦を経験した者以外にはわからないだろう。

止まっているマトを撃ちぬくのとはわけがちがう。空を縦横無尽に飛び回り、撃たれると思ったら必死になって逃げようとする飛行機を撃つのである。追いかけるのに夢中になっていると、背後に別の敵機が迫っていることだってある。そんななかで、敵機を5機以上撃墜するのだから、これはもう立派なことなのだ。

零戦の撃墜王で最高スコアを上げたのは、何といっても西沢広義中尉。昭和17年2月3日にラバウル上空の迎撃戦で初撃墜を記録した。ラバウルを転戦したのち、ガダルカナル進攻、ソロモン戦線にも出撃し、11月に豊橋に引きあげるまでのわずか9カ月間で公式記録だけでも30機を撃墜している。その後、また戦場に戻って撃墜数をのばしている。撃墜数は、所属部隊が公式に記録していた。すべての部隊がつけていたわけでもないし、途中で記録の記入をやめた部隊もある。

西沢中尉の場合、部隊が個人記録の記入をやめたので総撃墜数ははっきりしない。しかし、家族に報告した撃墜数では147機という数字もある。だが、ラバウルを引きあげるときに岡本253空飛行隊長に話した86機がもっとも信頼できる数字とされ、これに最後の空戦での撃墜数1機を加えると87機になる。西沢中尉は19年10月26日に輸送機で帰還中、ミンドロ島上空でF6Fに撃墜されて戦死した。戦死時の新聞では西沢中尉は150機以上撃墜したと報道されている。

これに次ぐのが、岩本徹三中尉。昭和13年2月に最年少のパイロットとして96式艦戦で日華事変に出動した。初陣で5機撃墜してエースの仲間入りをはたした。その後零戦に乗り、海軍戦闘機パイロットのトップエースになった。8年間飛びつづけ、総撃墜数は本当のところはわかっていない。回想録によると、ラバウルでの戦果だけでも142機あり、全部では216機を撃墜したとある。現在ではこの数字を内輪に見て約80機としているものの、ひょっとしたら、西沢中尉を上回る日本のトップエースなのかもしれない。

この2人につづくのが杉田庄一少尉。昭和18年4月、ブイン上空で撃墜された山本五十六元帥機の直掩隊にも参加しており、撃墜数は約70機となっている。

4番目が、「大空のサムライ」の著書で知られる撃墜王・坂井三郎中尉である。日華事変中に撃墜した2機を含め、64機を撃墜している。

西沢中尉や坂井氏も所属した、零戦最強のチームといわれる笹井醇一少佐率いる、いわゆる笹井中隊では、太田敏夫一飛曹が34機、羽藤一志三飛曹19機、本田稔少尉17機、中隊長の笹井少佐は27機と、エースの勢揃いだった。

海軍の戦闘機のパイロットでエースと呼ばれている人たちは、活躍した年によって少しはちがうものの、たいていは零戦に乗っている。

西沢、岩本、坂井の各中尉は、96式艦戦で戦ったあと、零戦に乗ってすばらしいスコアを上げている。また、杉田少尉は零戦で活躍したのちに、紫電改で戦っている。だから、すべてのスコアが零戦であげたものではない。それでも、ほとんどのスコアは零戦によるものであることはまちがいない。

そのスコアをすべて零戦で上げたエースも少なくない。笹井少佐や川戸正治郎上飛曹(18機撃墜)などである。わが国が世界に誇れる飛行機、零戦だけで戦うことができたのは、彼らにとっては幸せだったのかもしれない。

海軍のパイロットには、とびぬけてハイスコアを上げた人が何人かいる。50機以上撃墜したパイロットだけでも5人いる。これが陸軍になると、第2次大戦では穴吹智曹長の39機が最高になる。戦争中は加藤隼戦闘隊など、陸軍のほうが脚光を浴びていただけに、海軍との戦果のちがいにはちょっと違和感をもってしまう。

海軍のトップエースたち

氏　　名	戦死日時	撃墜数
西沢広義中尉	19.10.26	87
岩本徹三中尉		約80
杉田庄一少尉	20. 4.15	約70
坂井三郎中尉		64
奥村武雄上飛曹	18. 9.22	54
太田敏夫一飛曹	17.10.21	34(公)
杉野計雄飛曹長		32
石井静夫上飛曹	18.10.24	29(公)
武藤金義少尉	20. 7.24	28
笹井醇一少佐	17. 8.26	27(公)
赤松貞明中尉		27
菅野　直中佐	20. 8. 1	25
荻谷信雄飛曹長	19. 2.13	24(公)
杉尾茂雄中尉		20＋
羽藤一志三飛曹	17. 9.13	19(公)
長野喜一上飛曹	19.11. 6	19(公)
岡野　博飛曹長		19
中瀬正幸少尉	17. 2. 9	18
松場秋夫中尉		18
小町　定飛曹長		18
谷水竹雄飛曹長		18
川戸正治郎上飛曹		18
斉藤三朗少尉		18
大木芳男飛曹長	18. 6.16	17(公)
田中国義少尉		17(公)
増山正男飛曹長		17
上平啓州中尉		17
本田　稔少尉		17
伊藤　清飛曹長		17

撃墜数のあとの(公)は公認記録，＋は実際はこの数字を上回っていると思われるもの

■コラム④　日本の海軍の燃料事情

第2次大戦に突入する直前の日本の燃料準備量は、昭和16年12月1日現在の海軍省軍需局の報告によると、内地すなわち国内にあったのは、各種あわせて558万3557キロリットルであった。ドラム缶に換算して310万本にすぎない。内訳は次のとおり。

原油143・5万トン
重油362・4万トン
航空潤滑油6470キロリットル
普通潤滑油1万3600キロリットル
航空揮発油47万7500キロリットル
エチレンフルード61キロリットル
イソオクタン2万6926キロリットル

このほか、内地以外にも推定で91・6万キロリットルの燃料があった。もちろん、陸軍や民間にもあったが、海軍ほどではない。しかし、この年の日本の石油生産高27・5万トンに対し、アメリカは1億8949・6万トンと比較にならないほどの生産高がある。日本はアメリカと戦争をして本当に勝てると思ったのだろうか。

第5章 「零戦」戦いの謎

空母「翔鶴」から発進準備中の零戦二一型

◎実戦テクニック

飛行機は空を飛ぶのだから、「曲がる」といってもひとつの方向に曲がるだけではない。

自動車と同じように、水平に曲がるときには、方向舵を曲げるフラットバーを使う。コックピットの足元にあって、左を踏むと左に、右を踏むと右に曲がる。自動車のハンドルと同じである。

上下にも、垂直方向にも左右に曲がる。これは昇降舵と補助翼（エルロン）を動かす操縦桿を使う。上に曲がるときは操縦桿を引き、下に曲がるときは操縦桿を押す。この場合は昇降舵だけがきいている。垂直方向に機体を曲げるには、操縦桿を左右に動かせばよい。左右のエルロンが働いて水平だった機体を垂直に変えてくれる。実戦での飛行は、この舵をうまく操って行なう。基本となるいくつかを取り上げてみよう。

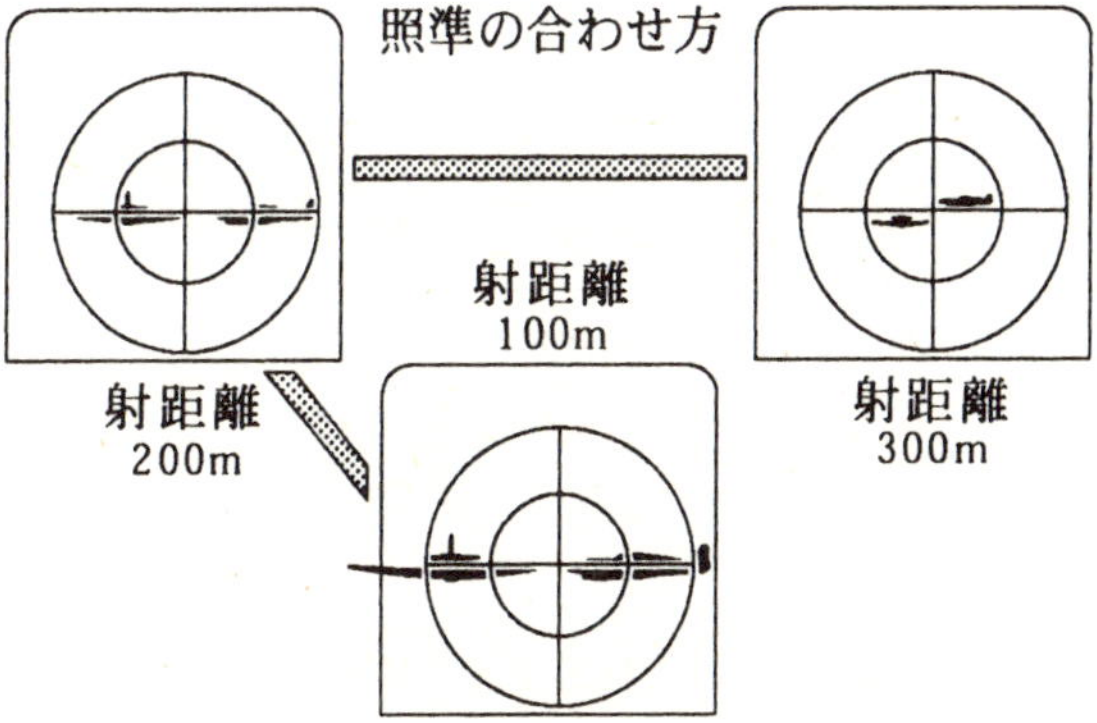

垂直旋回を行なう場合、どこで旋回するのか目標を決め、エンジンを全開にしてスピードを計器読みで160ノット（296キロメートル）にする。操縦桿をやや左前方に倒して旋回に入る体制を整えたら、急速に左に倒して左バンクをとる。このとき左足でフットバーを押して機体がスムーズに垂直になるようにする。機体が垂直になると同時に、操縦桿を力一杯限度まで自分のからだのほうに引きつける。ここから急旋回がはじまる。同時に、フットバーを元に戻す。1回転したら、操縦桿を今度は右前方に戻すとともに、右のフットバーを踏んで機体を水平にして旋回から水平飛行に移る。これを応用すれば、S字飛行、8の字飛行ができる。

宙返りは、操縦自体はそう難しいことではない。目標を決め、やはりスピードが160ノットになったら、操縦桿を手前に引きつける。急速に機首が上がるので、離

後上方からの攻撃
敵の後ろ上方から攻撃する
旋回してきたら格闘戦にはいる
逃げる敵は深追いしない

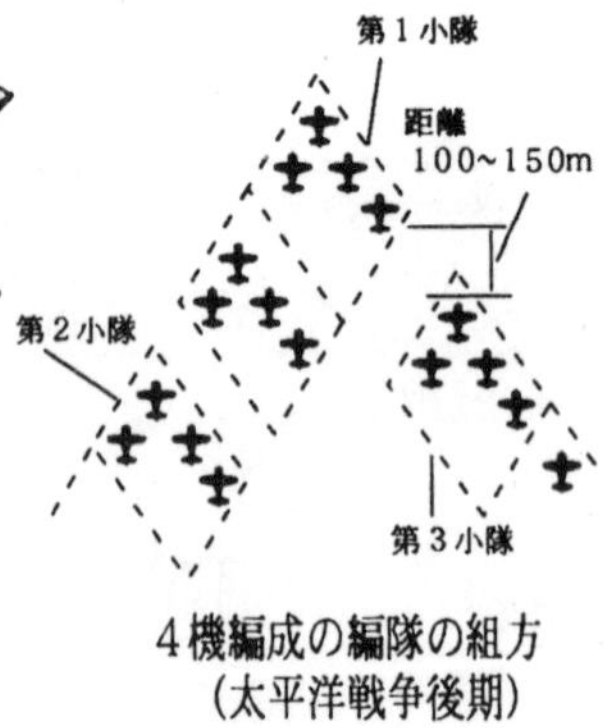
第1小隊
距離
100~150m
第2小隊
第3小隊

4機編成の編隊の組方
（太平洋戦争後期）

陸時と同じようにプロペラによって左の方向に機体が曲がろうとする。これを防ぐために右のフットバーを踏んで直進するように「当て舵」をする。背面になったら、操縦桿を引きつけたまま、首をうしろの方向に反って水平線が視界に入ってくるのを待って、エンジンを静かに絞る。上げ舵のききと機首の重さで機体は緩やかに機首を下げる。垂直降下から水平飛行に移るときに、徐々に操縦桿を戻す。

　宙返りを応用した変化技に上昇反転、宙返り反転などがある。上昇反転は、背面飛行に入る前に垂直旋回に近い操作を行なう。宙返り反転は、背面状態から機体を水平飛行に戻す操作を行なう。これで、高度を変えた180度の方向転換ができる。

　たった2つの基本技から、さまざまな戦法が生まれたのである。

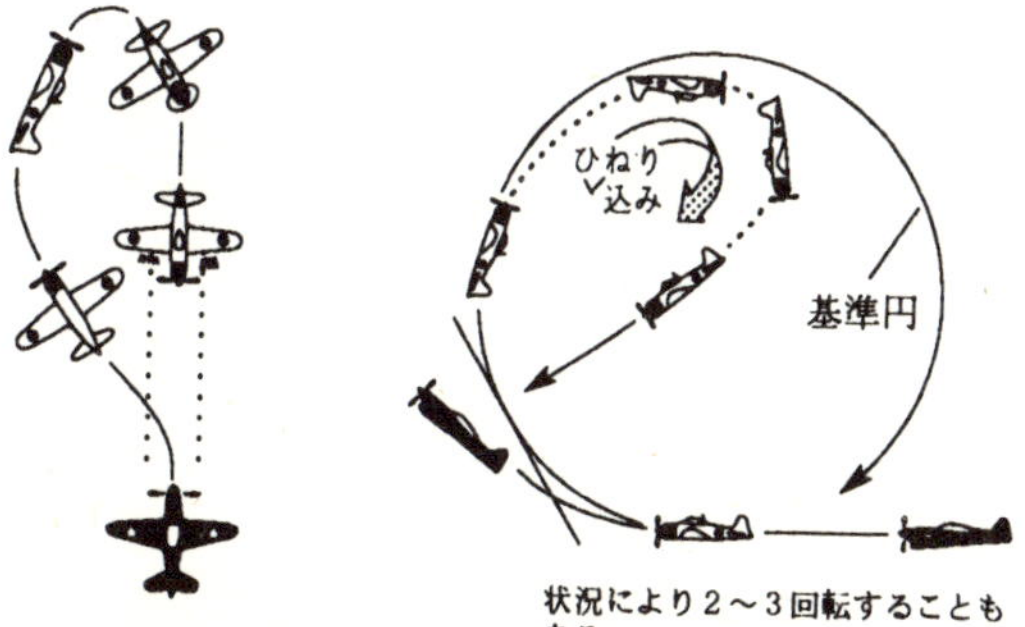

状況により2～3回転することもある

ひねり込み戦法

81 零戦の初陣は真珠湾攻撃より早かった?

日華事変で海軍航空隊は華中、華南に展開し、中国奥地に後退していた中国軍との戦いは膠着《こうちゃく》状態に入っていた。昭和15年のはじめころである。制空権を握るには、中国軍の飛行機を撃墜してパイロットを飛行機もろとも葬り去ることが必要である。それにはすぐれた戦闘機が必要である。そんな飛行機がノドから手がでるほどほしかったところに、12試艦上戦闘機の話が飛び込んできた。

零戦の前身、12試艦戦がこれまでにないスピードと航続力をもち、運動性能もすぐれているという評価が耳に入った。中国の第一線にいる海軍航空隊の将兵にとっては、待ち焦がれた朗報だった。

12試艦戦は、実用実験は順調に進んでいたが、制式機として採用するにはまだ多少の改善が必要だったが、それにもかかわらず、中国の第一線からは、早く12試艦戦を配備するよう、矢のような催促がくる。海軍では、これにこたえて、7月21日に実用実験中の12試艦戦を試作機のまま前線に送った。前例のないことである。

前線の中国・漢口に送られたのは、いずれくる戦いのために横須賀航空隊で操縦訓練中だった、横山保、新藤三郎両大尉の指揮する2個中隊15機である。前線についてしばらくたった7月末に、12試艦戦は制式化されて零式艦上戦闘機、零戦となったのである。

漢口に着いても、実験飛行に明け暮れた。Gをかけると脚が出てしまったり、20ミリ機銃の弾がでなくなったり、全力で空中戦をするとシリンダーの温度があがって、エンジンが焼きつく恐れがあるなど、トラブルがまだまだあった。これらの零戦と行動をともにした技術陣は一つひとつ問題を解決してゆく。それをチェックするためと操縦技術向上のためには訓練をしなければならない。

訓練、訓練に明け暮れて、一向に出撃しようとしない零戦隊に、横山大尉は司令官に「命が惜しいのか！」とまでいわれた。それでもテストを繰り返し、これならば大丈夫と自信を持った8月19日、横山大尉の率いる零戦12機は、中攻隊54機とはじめて重慶に出撃した。重慶には常に30機以上の敵の戦闘機が配備されているはずだった。ところが、この日はまったくいない。零戦の初陣は空振りだった。翌20日もムダ骨だった。

零戦が初の戦果を上げたのは、初陣から1カ月近くたった9月13日。新藤大尉が率いる13機の零戦が重慶上空で中国空軍のイ15、イ16戦闘機約30機を捕捉、激しい空戦で27機を確実に撃墜した。20ミリ機銃の威力はすさまじく、これを手はじめに重慶から成都までの制空権を確保することになった。

82 真珠湾に出撃した零戦は何機だろうか？

真珠湾攻撃に出撃するため、機動部隊の空母は、択捉島《えとろふとう》の単冠湾《ひとかつぷわん》に集まってきていた。出撃する空母は赤城、加賀、蒼龍、飛龍、瑞鶴、翔鶴の6隻である。搭載機の定数は赤城と加賀が72機、蒼龍と飛龍が63機、瑞鶴と翔鶴が81機である。

真珠湾攻撃のために搭載した機種は、いずれも97式艦上攻撃機、99式艦上爆撃機、そして零戦だ。ただ、定数いっぱい積んでいたわけではなく、赤城を例にとると、97式艦攻27機、99式艦爆18機、零戦21機の計66機だった。

昭和16年12月2日午後8時、連合艦隊司令部から、赤城に「ニイタカヤマノボレ一二〇八」との暗号電報が入った。12月8日（日本時間）に真珠湾のアメリカ軍の戦闘部隊を攻撃せよという内容である。

単冠湾を出撃した機動部隊は、ハワイ時間の12月7日午前5時30分になると、オアフ島の北200カイリ（370キロメートル）にまで到達した。まず、事前に偵察機を飛ばした。これに次いで、ハワイ時間の午前6時ジャストに、赤城の飛行隊長である淵田美津雄中佐を総指揮官とする第1次攻撃隊を発進させた。

これに加わったのは、97式艦攻（爆装）49機、97式艦攻（雷装）40機、急降下爆撃隊の99式艦爆51機、制空隊の零戦43機の合計183機である。ここで誤算が生じてしまった。零戦戦闘機隊の板谷茂少佐は淵田中佐の奇襲の信号弾を見落とした。そこで淵田中佐が再び信号弾を発射したので、今度は急降下爆撃隊が強襲とまちがえてしまったため、訓練を積んできたことが生かされずに、攻撃の足並みが大きく乱れてしまった。この結果、効果は予想を下回ってしまった。

第1次攻撃隊につづいて、7時15分からは第2次攻撃隊も出撃した。瑞鶴飛行隊長の嶋崎重和少佐を総指揮官として、97式艦攻54機、99式艦爆78機、零戦35機の合計167機である。第1次の攻撃隊が艦戦を中心に攻撃したのに対し、第2次攻撃隊は陸上の施設や飛行機などを目標に攻撃を加えた。

零戦は、真珠湾攻撃では、第1次、第2次あわせて78機が出撃している。

奇襲を受けたアメリカ軍は、なすがままになっていたのではない。防御体制をとると、対空砲火で応戦した。これにともなって、日本軍の被害も大きくなった。第1次攻撃隊の未帰還機は97式艦攻が5機、99式艦爆が1機、零戦が3機だったのが、第2次攻撃隊では、99式艦爆が14機、零戦が6機と、第2次攻撃隊の被害のほうが大きい。全部で29機が未帰還機となり、零戦は9機が帰らなかった。

83 無敵の零戦をはじめて撃墜したのは誰か?

零戦がはじめて撃墜されたのは、日華事変による中国軍との戦闘のときである。昭和15年10月末に、中国に派遣されていた陸攻隊は部隊再編成のため、すべて内地に引きあげた。残されたのは、わずか30数機の零戦隊だけである。これで中国の奥地へ進攻することになったわけである。それでも、16年3月14日には成都上空で中国機27機を一挙に撃墜した。この間、零戦にはまったく被害はなかった。

5月以降になると、一部の陸攻隊が再び配備された。5月20日には、零戦隊が成都上空に進攻した。空中に敵機は見なかったので、飛行場を機銃掃射して、燃料庫と地上機2機を炎上させた。

このときに、木村英一一空曹が対空砲火によって撃墜されてしまった。これが撃墜されたはじめての零戦である。空戦ではなく、対空砲火というのが、空戦に強い零戦らしいところだ。この日はほかの3機も被弾していたが、飛行にはもちろん影響はなかった。

その後も出撃はつづいたが、戦果はあっても被害はなかった。ところが6月23日、98式陸偵の誘導で運城から蘭州の偵察攻撃に向かった零戦3機は、低空を飛行中に対空砲火を

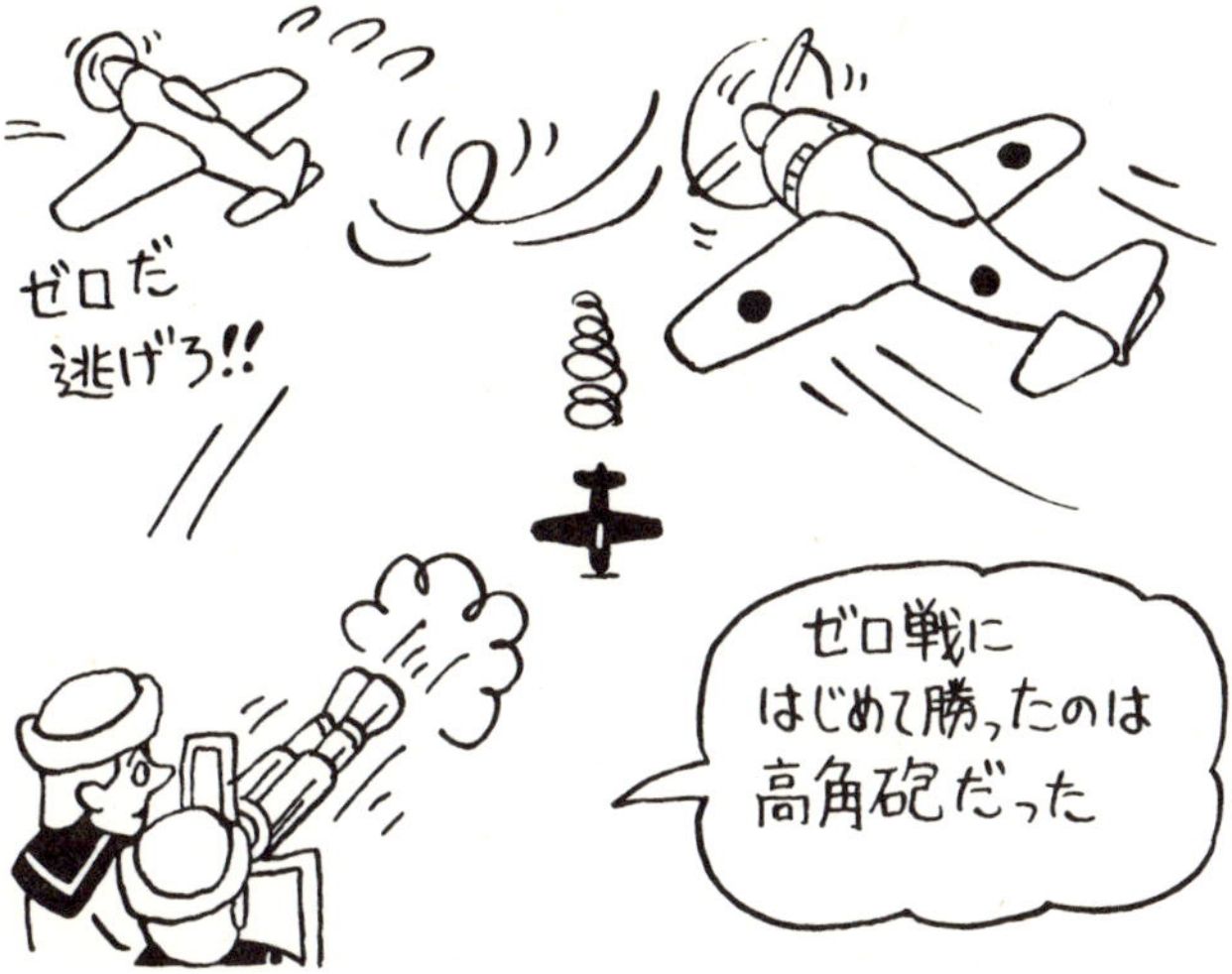

受けて、１機が自爆し、２番目の犠牲になった。２機目も対空砲火である。中国機は零戦を見つけると逃げていったから、空戦で撃墜されたものはなかった。

零戦は、８月31日の出撃を最後に、中国での作戦はひとまず終わることになった。昭和16年の初頭から８月までに零戦隊の使用延べ数は３５４機、上げた戦果は撃墜44機、撃破62機にのぼる。

この間の被害は撃墜２機、被弾26機だから、軽微なものだった。

初陣以来の成果となると、もっと増える。撃墜１０３機(うち1機は不確実)、撃破１６３機である。被害は、撃墜２機に被弾39機だから、活躍がいかに目覚ましいものだったかがわかろうというものだ。

84 連合軍は零戦を甘く見ていたというのは本当か?

中国で目覚ましい活躍をしていた零戦も、アメリカなどではあまり気にもとめていなかった。日本の空軍力は、日華事変では中国軍に劣り、パイロットの数も年間1000名にとどかないくらいしか育てられないので、大規模な作戦はできないと見ていた。技術力も、世界各国のマネばかりで、欧米には遠くおよばない。航空工業も小規模で、原料もなく、工作機械設備も貧弱だから、米英を敵に回したら、どこからも工業製品を求めることができないと、かなり甘く見ていた。

たしかに当時の日本の状況は、外から見たらそのように見えただろう。しかし、飛行機の技術指導にきていた外国人は、「日本は新しい技術を先進国から取り入れてものをつくることには長けている。そんななかで、自分たちが開発した独自の技術に対しては秘密にしておき、われわれにも教えようとしない」と、その秘密主義を嘆いていた。

これだけ秘密に徹していたからこそ、第2次大戦直前の戦力分析でも、アメリカは日本には空母が4隻しかなく、艦載機は200機というような誤った見方をしていたのだ。昭和16年といえば、日華事変で零戦が活躍している真っ最中だったはずである。それなのに、このような評価というのは理解しにくい。

日華事変がはじまる前に、中国国民党政府はアメリカ陸軍航空隊の退役将官クレア・L・シェンノートを招へいして、中国軍の建て直しを図っていた。操縦技術と厳格な規律で、確実に成果を上げていた。シェンノートによって再建された中国空軍は、昭和12年の8、9月には日本の攻撃隊を痛めつけていた。

ところが、それも長くはつづかなかった。96式艦戦が中国戦線に投入されると、中国空軍をたたきのめしたからである。シェンノートは戦い方を変えるとともに、新型機の性能を理解できたから、アメリカ陸軍航空隊に詳しく報告した。しかし、アメリカ軍は彼の報告を信用しなかった。

昭和15年に零戦があらわれて暴れ回ったときには、シェンノートは口から心臓が飛び出すほど驚いた。彼が得た零戦に関する情報を、アメリカばかりでなく、イギリス、オーストラリアにも送り、米英の戦闘機と零戦の性能は遜色ないばかりか、場合によっては零戦にしてやられることもあると警告までしている。

だが、これも無視された。つい数年前まで外国の技術に依存していた日本の航空技術が急速な進歩を遂げるわけはないとタカをくくっていたのだ。ところが、シェンノートの報告は正しかった。米英はこのあと零戦に苦しめられることになるのだから。

85 零戦の謎がアメリカに知られたのはいつか?

甘く見ていた日本の零戦にアメリカ軍が完敗をきっしたのは、第2次大戦開戦当日のフィリピン・ルソン島での戦いである。主力飛行場のクラークとイバが零戦と1式陸攻の攻撃によって壊滅的な打撃を受けたのである。

台南基地を飛び立った1式陸攻54機と零戦34機は、ルソン島のクラーク飛行場に集結していた約60機を1式陸攻の爆撃と零戦の機銃掃射によってほぼ全滅させた。同じころ、イバには高雄基地を飛び立った96式陸攻54機と零戦50機が襲撃、地上の約25機を全部炎上させるとともに、空中に飛び立ってきたP－36とP－40約15機をすべて撃墜した。戦後のアメリカ軍の発表によると、当時ルソン島にあった飛行機は160機で、この第1日目の日本軍の攻撃で、60機が使用不可能になったとしている。

連日にわたる攻撃で、開戦5日目の12月13日にはルソン島の制空権は日本軍が握ってしまった。ルソン島攻撃では、アメリカ軍は零戦が空母から出撃していたものと思っていた。マッカーサー大将はやっきになって偵察機を飛ばし、日本の空母部隊を探したという。

航続距離の長い零戦は、その特性を生かして、台湾から一気に1200カイリ(2222

キロメートル）を飛んで、フィリピン南端の島ホロ島の基地に進出した。ここからオランダ領インドネシアに出撃して、昭和17年3月にはこの地域の制空権を確保した。

開戦からこの時期までに、零戦が撃墜したか、もしくは撃墜確実なものは471機にものぼった。全海軍機の撃墜数の実に83％をしめている。

当時、アメリカ軍は零戦に関する情報をまったくもっていなかったから、なぞの戦闘機として恐れていた。日華事変のときに中国国民党政府の航空隊の顧問をしていたクレア・シェンノートの報告を無視した結果が、アメリカをあたふたさせたのだ。

しかし、さすがにアメリカはしぶとい。零戦のスペックや性能を知るために、不時着などした零戦を発見することに力を入れた。

昭和17年6月に行なわれたミッドウェーとアリューシャンの同時進攻作戦で、古賀忠義一飛曹が乗った零戦がアリューシャン列島のアクタン島に不時着し、裏返しになって古賀一飛曹は戦死した。これがアメリカ軍に発見されたのである。日本にとっては不幸なできごとが、アメリカにとっては幸いした。小破しただけだったから、これをアメリカに持ち運び、修理して飛行テストを行なっている。

そして、対零戦用の攻撃方法を研究する一方で、これに勝る戦闘機の開発にも着手して、F6Fヘルキャットにその教訓を生かしている。

86 連合軍の戦闘機は零戦を見たら逃げてもOKだった？

昭和17年ころまでは零戦は空の勇者だった。王者と言い換えてもいい。とにかく、P－39やP－40、F4Fなどは、零戦よりも1つか2つの優位な点はあっても、総合力でいうとおよばない。

ロッキードから双胴の戦闘機P－38ライトニングがあらわれた。ほかの戦闘機とちがって、零戦にも向かってくる。だが、零戦にはかなわない。海軍航空部隊では、P－38を「ぺろ八」と呼んでいた。そのわけは、パイロットは撃墜することを「ペロリと食う」といっていた。P－38をぺろりと食うから「ぺろ八」である。

アメリカ軍が零戦を手に入れて零戦の研究をした結果、零戦は翼面荷重が低く、アメリカ軍の戦闘機よりも運動性にはすぐれている。このため、零戦と空戦するときは指示速度で480キロメートル以上を維持することとしたうえで、①零戦と格闘戦を試みてはならない②低空で上昇に移った零戦を追ってはならない③零戦と戦闘する場合はできるだけ軽くして戦闘に絶対必要でない装備は取り外す――ことを守るように、パイロットは勧告されている。

また、部隊や機種によってはもっと細かい指示もされていた。アメリカ軍は敵前逃亡にはきわめて厳しい。レイテ沖海戦で、総司令官の栗田中将はアメリカ上陸部隊が近くにいるのを知りながら、反転して基地に戻った。「栗田艦隊なぞの反転」として、いまでも謎の行動である。これによって栗田中将はなんらかの処分を受けたわけではない。しかし、アメリカ軍で同じことをしたら、「敵前逃亡」として軍法会議にかけられて、処分されるのはまずまちがいない。アメリカはその点では規律が厳しい。

規律の厳しいアメリカ軍でも、例外もあった。南方で戦っていたF4Fワイルドキャットは、飛行中に退避してよいケースとして、①雷雨にあったとき ②零戦と遭遇したとき、と指令書に書いてあった。

零戦と遭遇して逃げても、敵前逃亡とはみなさないということである。悔しいけれど、戦ってむざむざ飛行機をなくしてそのうえパイロットまで失うようなことになるよりは、生きて無事に戻ってきたほうがよいという判断だろう。パイロットを大事にするという点で日本軍とはまったくちがっている。

ただ、戦力が圧倒的に勝っているときには、この司令が有効ではなかったはずである。戦うために出撃しているわけだから、それこそ逃げるのは「敵前逃亡」にあたる。まあ、そんなパイロットはいないだろうが……。

87 零戦の編隊は3機で1チームだった?

はじめのころ、零戦は3機で1個小隊を形成していたことは、先に書いたとおりである。小隊長機を頂点とする三角形をつくって飛んでいた。小隊が3個で中隊になる。中隊の編隊の組み方は、第1小隊の三角形の1番機と2番機の延長線上に第2小隊がきて、1番機と3番機の延長線上に第3小隊がくる。第1小隊の2番機と第2小隊の1番機の間隔は、競馬用語でいえば、さしずめ1馬身強しか間をあけていないということになる。左側だけでなく、右側の陣形も同じになるように飛ぶ。

大隊になると、第1中隊が先陣をはり、第2中隊が左後方、第3中隊が右後方に位置をとる。このとき、第1中隊の1番機から第2中隊の第2小隊2番機まで、一直線になるように編隊を組む。第1中隊の最後尾と第2、第3中隊との距離は100~150メートルくらいである。

編隊を組んで飛ぶときは、最小3機が基本だった。だが、これもときとともに変わってきた。

アメリカ軍は零戦を手に入れてさまざまなテストをし、零戦攻略法を練った。その結果、

1機の零戦を攻撃するのに2機の戦闘機が組んで攻撃する戦法を生みだした。零戦を発見したら、まず高度で優位な位置をとり、2機が組んで急降下しながら攻撃を加える。巴戦に引き込まれると勝ち目は低いので、互いが交差するようにして後方を援護して、零戦の追尾を絶つ。そして、再度の攻撃のチャンスを狙う。ソロモン方面で苦戦していたF4Fに真っ先に伝授し、その後、ほかの戦闘機隊にも採用していった。

アメリカ軍の戦闘が変わってきたことを知った日本軍は、アメリカ軍の2機1組の戦い方に興味をもち、小隊を3機から4機に増やし、2機1組で戦闘に入る方式をとった。アメリカ軍とちがうのは、まず1機が戦闘を仕掛け、零戦得意の巴戦に持ち込むことにするのだが、これに相手がのってこなかったときには上空で待機している相棒のもう1機が敵機を攻撃するのである。1機が敵機を追い回しているときに、背後から別の敵機に狙われたりしたときにも、待機している相棒がこれに攻撃を加えることができるので、効果的な戦法だった。

小隊が3機から4機になったことによって、編隊の組み方も変わってきた。小隊長機が1番機として先頭にいて、左に2番機、右に3番機というところまでは変わらない。4機目は3番機のうしろななめにつくところが変わった点である。小隊は三角形ではなくなってしまったが、中隊、大隊の基本的な三角形という組み方は変わらなかった。

88 格闘戦に強い零戦をつくった「ねじり下げ」翼とは？

零戦が空戦に強いのは、「ねじり下げ」翼に負うところが大きいといわれている。飛行機の機体や翼の前方に対する角度を迎角という。飛行機が上昇するときは迎角が大きく、水平飛行をしているときは迎角は小さくなる。普通、翼は一直線に設計されているので、胴体側から翼端までの迎角は同じにつくられている。

ところが、零戦の翼は、主翼の迎角が胴体側から翼端にいくにしたがって、少しずつ減っていくようにつくられている。つまり、胴体側の迎角が大きく、翼端の迎角は小さくなっているのである。もっとわかりやすくいうと、胴体側では上向きに翼をつけているのに、途中から翼をねじって、翼端では下向きにつけているようなものである。ただし、実際には、目で見ただけではわからないほどのわずかな角度である。旋回や上昇には胴体側の翼が効率よく働き、スピードを出すときは翼端が有効な役割をはたすわけだ。

これを「ねじり下げ」翼という。はじめて採用したのは96式艦戦で、わずかに2・4度のねじり下げである。翼端失速を防ぎ、大迎角時の横方向の安定を増し、旋回性能をよくするのが目的だった。96式艦戦ではそれが見事に成功した。

翼端失速が起こると、エルロンがきかなくなって横の安定を失ってしまう。そうなると旋回もできなくなる。交戦中であれば、簡単に敵のエジキになってしまう。また、着陸時などで機体全体が大迎角をとったときに、翼端の迎角は中央付近よりも弱いので、本来なら失速するはずなのに、それが防げる。

スピードも速く、航続力もあり、空戦能力も高いものという要求性能を突きつけられた零戦の設計にあたっては、最初から主翼のねじり下げを採用することにしていた。零戦の場合、最大のねじり下げ角は２・５度とした。実物を見てもまったくわからない。

それでも効果は大きかった。旋回半径も小さくてすむので、どうしても大回りになるＰ－38やＦ４Ｆなどを格闘戦では簡単にとらえることができた。ドッグファイトに持ち込んで、撃墜していったのである。このため、アメリカ軍は零戦とのドッグファイトは禁止するというおふれまでだしている。

同時に、零戦と交戦しているときに、零戦が低空から急上昇に移ったら、後は追うなとも指示している。零戦はねじり下げ翼をもっているため翼端失速をしないが、ねじり下げ翼をもたないアメリカ軍機は、そのまま急上昇で後を追うと失速する恐れがある。そうなると、零戦は失速したところをうしろ上方から、赤子の手をひねるように簡単に敵機を撃墜することができるからだ。

89 戦艦大和に撃ち落とされた零戦がある？

昭和19年6月19日午前8時、「あ号作戦」で出撃した連合艦隊の空母・瑞鶴、翔鶴、大鳳の3隻から零戦47機、艦爆53機、艦攻27機の合計127機が飛び立った。垂井明少佐を指揮官とする第1次攻撃隊である。空母上空で集合を終え、編隊を組んでサイパン西方海面に点在する敵の機動部隊を求めて機を進めた。

しばらくすると、前衛部隊の艦隊が円形になって進むのがかなり前方に見えてきた。戦艦武蔵や大和、空母、巡洋艦などが識別できる。高度4000メートルを保ちながら近づいていく。

8時20分には戦艦大和のブリッジからこれを確認している。第1次攻撃隊は、眼下の軍艦が味方だとわかっている。しかし、軍艦の乗務員には敵か味方か識別できないでいる。

大和の艦橋でも敵とも味方とも判断しかねている。海軍では飛行機は味方の軍艦の上空を飛ばないことになっている。ところが、状況は軍艦の真上を通過しようとしている。敵だったら攻撃体制をとらないと間に合わなくなる。

大和に寄りそうようについている重巡洋艦の「高雄」が、味方識別合図の要求である高角砲を４発射ち上げた。味方なら翼をバンクさせるはずである。編隊は何の動きもなく接近する。すでに距離は1万５０００メートル近くまで迫っている。

大和は敵機と判断して左45度に緊急一斉回頭の司令をだす。ほかの艦も大和にならって回頭する。同時にほかの艦は発砲をはじめた。

驚いたのは、垂井少佐以下の攻撃隊である。味方からいきなり射たれたのだ。零戦はバンクをして味方だと知らせるが、艦砲射撃も急にはとまらない。１機が煙をはいて海面に不時着し、４機も被弾して降下していった。

幸いだったのは、戦艦大和の46センチ砲が炸裂しなかったことだ。主砲射手は引き金に手をかけていて、もう少し判断が遅れたら、確実に射っていた。弾丸は対空三式弾が用意されていて、発射していれば、20～30機は確実に撃墜していたところだった。大和に零戦が射ち落とされるという不名誉な記録は残らなかったとはいえ、味方に射ち落とされた零戦があるのは事実である。

無線封鎖をしていたので連絡を取れなかったという事情はあるものの、どうやら飛行機のほうがルールを守らなかったことに、非がありそうだ。それでも、パイロットは味方の飛行機が識別できないのかと、味方の艦船隊に対して憤慨していたらしい。

90 零戦が手こずったのは意外にも爆撃機だった?

アメリカの爆撃機の攻撃パターンには2つの方法があった。B－26、B－25のような中型機は低空でのスピードが速いので、それを利用して高度1000メートル以下の低空を飛んでくる。奇襲のような攻撃が得意だった。これに対して、B－17は4000〜6000メートルの高度を飛び、爆弾を投下してゆうゆうと飛び去っていく。

B－17はやってくるのがわかるから、スクランブル発進ができる。ところが、このB－17を撃墜するのが至難の業だったのだ。まず、防御がしっかりしている。防弾タンクをつけ、防弾鋼板をつけている。ちょっとやそっとの銃撃で撃墜されるほどやわではない。日本軍が戦ったB－17はE型以降である。前、うしろ、上、下に12・7ミリ機銃をもち、戦闘機と十分にわたりあえるだけの兵装があったのである。

ラバウルでポート・モレスビー攻撃に出撃した零戦隊は、B－17を発見し、すぐに攻撃をしかけた。銃弾を浴びせたものの、撃墜はできずに逃がしてしまった。逆に、B－17の12・7ミリ弾を被弾していた。

通常なら大型爆撃機には、うしろ上方から攻撃をしかける。B－17は図体が大きいので、

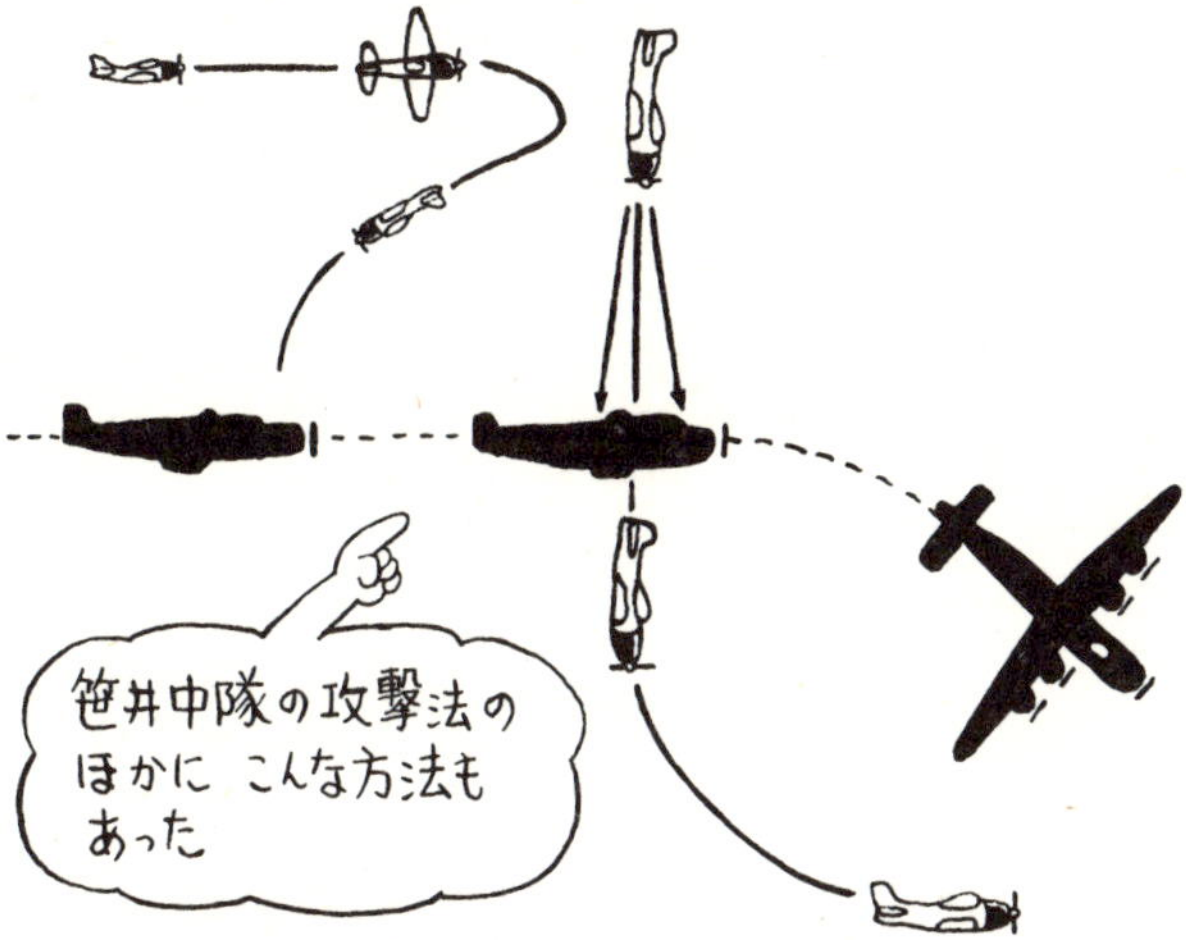
笹井中隊の攻撃法の
ほかに　こんな方法も
あった

照準に入ったと思っても、戦闘機の感じで撃ったのでは、距離が遠かったりする。遠くからでは当たっても、Ｂ-17は防弾鋼板をつけているだけに効果は少ない。

そこで、笹井中尉（当時）隊が編み出したのが、前方から同じ高度で攻撃する方法。前方といっても、真っ正面からいくのではない。10〜20度の角度をとり、正面の機銃が撃とうとするとプロペラに当たってしまうような位置から、機銃を撃ちながら突っ込むのである。それも1機だけではない、数機が同じ方向から繰り返し攻撃する。これによって、撃墜することができた。

20ミリ機銃をもって攻撃力が強力な零戦といえども、Ｂ-17を撃墜するのは苦労したのだ。

91 零戦の戦法にはどんなものがあったのか?

零戦のベテランパイロットの戦闘は、基本的には1機対1機の空中戦に重点をおいていた。零戦の戦闘には、アメリカ軍も禁止した「ドッグファイト」、すなわち格闘戦がある。その一例が巴戦。

低空にいる零戦をめがけて、たとえばＦ４Ｆが上空から背後に回りこもうとする。それを感じた零戦は、宙返りで逆にＦ４Ｆのうしろにくらいつくようにする。Ｆ４Ｆが宙返りで再び零戦のうしろにつこうとする。ところが、Ｆ４Ｆに限らないが、アメリカ軍の戦闘機の回転半径は大きい。宙返りの半径も大きくなる。零戦は回転半径が小さいから、Ｆ４Ｆが大回りして反転に移ったころは、零戦は小回りでぴったりとＦ４Ｆを照準のなかにとらえている。機銃を発射すれば、Ｆ４Ｆは撃墜することができる。零戦はこの戦法でかなりの成果を上げている。

撃墜されるほうとしてはたまったものではない。そこで、アメリカ軍は1対1のドッグファイトを禁止したのである。

零戦のねじり下げ翼の効果による戦法もあった。敵機に追尾されたら急降下に移り、低空で急上昇に転じる。敵機も同じように急上昇をしようとするが、零戦と同じようなことをすると、ねじり下げ翼になっていないので翼端失速を起こす。そこを狙って撃墜するのである。

零戦の戦法でもっとも知られているのが、「ひねりこみ戦術」。まず、2〜3機の敵機がいたら、先頭の飛行機の正面から機銃を発射する。敵が衝突を避けるために上昇したら、零戦も宙返りしながら腹を撃つ。そのとき敵は次の行動として急降下に移る。そうしたら、機体を緩やかに360度回転させる緩横転をしながら垂直旋回にはいる。これによって、旋回を極端に小さくしたタテの運動に相手を誘い込むのである。複数機を1対1の格闘戦に持ち込んで、相手を撃墜しようという戦法である。

ひねりこみ戦術は、ベテランのパイロット1人ひとりによって個性があるため、教えるのが難しい。後輩のパイロットが教えてもらおうと思って、ベテランパイロットに頼んでも、「そんなことは教えられない」とつれない返事しかもらえず、空戦で実際に見ながら覚えていくしかなかった。

零戦は、空戦性能のよさを引き出すために、格闘戦に持ち込む戦法をとることが多かった。そして、戦争初期にアメリカ軍などを圧倒したのは、この格闘戦が強かったからである。

92 対B‐29に零戦は本当に活躍できたのか?

昭和19年6月になると、アメリカ軍がサイパンを陥落させて、日本本土攻撃の拠点を築いた。これを境にB‐29による本土空襲がはじまった。B‐17が4000〜6000メートルの高度を飛んでいたのに対し、B‐29は8000〜1万メートルの高々度を飛び、爆弾を落としてゆうゆうと引きあげていく。高角砲などは撃っても届かない。

B‐29の初お目見えは北九州への空襲である。中国大陸から飛来した。このときは陸軍の屠龍《とうりゅう》が数機を撃墜している。

B‐29と対等に戦えたのは、双発の屠龍や月光である。むかしの武士が背中に刀を背負っていたように、斜め上に向けた機銃を積んで下から攻撃した。これが見事に功を奏したのである。B‐29は下にも機銃がついてはいる。しかし、夜間の戦闘では、地上から照明をあてられていると、すぐ下にいる飛行機には気がつかない。死角になってしまう。そこから近寄った戦闘機が斜め銃で攻撃するのだ。

11月になると、B‐29が単独で東京や関東上空に偵察にやってきては、航空写真を撮ってゆく。零戦や初期の雷電も要撃に飛び立っていくが、1万メートル以上の高度のB‐29

には手も足も出ない。指をくわえてみているだけである。

11月24日には88機のＢ－29が東京上空にあらわれた。これを皮切りに、２～３日に１回のペースで大編隊を組んで飛んでくる。このころは軍需工場を狙った爆撃に限られていた。主に狙われたのは、中島飛行機の太田、武蔵野両工場、東京湾の港湾設備などである。名古屋の三菱も攻撃されている。明らかに関東と中部の航空機工場が爆撃の目標になっていたのだ。

これを要撃するために、零戦や雷電、月光などが迎え撃つ。戦果を上げるのは夜間戦闘機の月光だ。20年に入って新型の雷電や紫電改も投入されると、単座戦闘機によるＢ－29の撃墜も報告されるようになる。

対Ｂ－29ということでは、紫電改の健闘が光る。Ｂ－29の厚い装甲と四方についた砲火は、容易に戦闘機を寄せつけないし、多少弾丸が当たっても簡単に落ちることはない。紫電改は、南方で零戦がＢ－17に対してとったと同じ、前方斜めから接近して攻撃を加える戦法をとった。そして第１撃を加えたら反転して真上から操縦席に攻撃する。

Ｂ－29は編隊でやってくる。こうした攻撃をかけているときでも、ほうぼうから機銃掃射がある。それをかいくぐって攻撃するのだから、たいへんなことである。それでも紫電改は向かっていった。残念なことに、零戦はあまり活躍できなかったのである。

93 空母にはどのように着艦したのか？

空母には普通、零戦は2個中隊ぶんの18機（補用機という予備機も数機あった）が配属されている。通常の作戦では1個中隊9機が攻撃に出撃し、残りの1個中隊は艦隊の上空警護を行なう。

空母に発・着艦するのは陸上とはちがったテクニックがいる。空母に配属が決まったら、発・着艦の訓練をみっちりやらされる。といっても、いきなり空母で訓練を行なうわけではなく、地上で空母と同じように着陸するのである。空母からの発艦はそれほど難しくはない。難しいのは着艦である。

空母は、発艦のときも、着艦のときも、風上に向かって全力走行をしている。零戦が発進するのに必要な絶対速度を短い距離でだすとともに、絶対速度が速くても短い距離で着艦できるようにである。

空母には、船尾を示す標識や着艦地点を示す白色のマーキングがしてある。着艦のときはここに零戦をもってこなければならない。ここ定着地点には白色のマーカーがあり、その先に赤色のマーカーがある。白と赤のマーカーが一直線に見えるときは着艦のアプローチ角度が最適であることを示している。これが一直線に見えないときはアプローチ角度が大きいかまたは小さいときだから、角度の修正が必要になる。

飛行機が着艦するときは、脚と着艦フックをだして着艦準備を整える。侵入する角度を確認し、着陸スピードは計器で70ノット（130キロメートル）前後にする。

空母の飛行甲板には、着艦フックを引っ掛ける拘捉《こうそく》ワイヤーが30センチくらいの高さに10本ほど張られている。飛行機が船尾標識を越したらエンジンを絞りながら3点姿勢で着陸するようにすると、フックにワイヤーが引っ掛かる。ワイヤーがのびてブレーキの役目をはたして止まる。飛行機はのびたワイヤーでうしろに引き戻されそうになるが、ブレーキを踏んですかさずフックを巻き上げる。

もしも、侵入する角度が大きすぎたり、反対に低すぎたりしたときは、飛行甲板の手前からエンジンをフルにして、ゴーアラウンド（着陸のやりなおし）をする。空母の飛行甲板には、中央あたりにネットが立てられる。1機が着艦すると、ネットを倒して飛行機をネットの向こう側まで運ぶ。再びネットは立てられて、次の飛行機が着艦する。

戦闘後の着艦は、被弾した飛行機や負傷者のいる飛行機、エンジンの調子が悪いものなど、トラブルのある飛行機から着艦する。次に航続力の短い飛行機となる。零戦は航続力が長いから、もっとも最後に着艦することになる。

94 垂直尾翼に書かれた番号はなんだろう？

零戦の垂直尾翼には、アルファベットやカタカナとともに、数字が書かれている。これは所属する部隊が識別できるように書いていたものである。陸軍とちがって海軍は、敵性語だからといってすべて日本語だけを使って書いていたのではない。パイロットは専門用語は日常でも英語を使っていたし、アルファベットで部隊を識別をするのもあまり違和感はなかったようだ。

昭和15年11月15日から、識別規定が改訂され、部隊ごとにアルファベット1文字を割り当てられた。たとえば、赤城の1航戦ならAI－×××、飛龍の2航戦ならばBII－×××となるし、台南航空隊ならV－×××、鹿屋空戦闘機隊はK－×××となっていた。

18年ごろになると、所属航空戦隊をあらわすアルファベットと隊番号を組み合わせた識別記号に変更された。台南航空隊ならU1－×××に、鹿屋はU3－×××となった。

そのすぐあとには基地航空隊の隊名の数字を使った。隊名の数字は3ケタが多い。その下2ケタを使った。台南は251空だから51－×××、鹿屋は253だから53－×××に変わった。ところが、同じころ空母航空隊所属の零戦は、虎、嵐、獅、雷などの通称を使

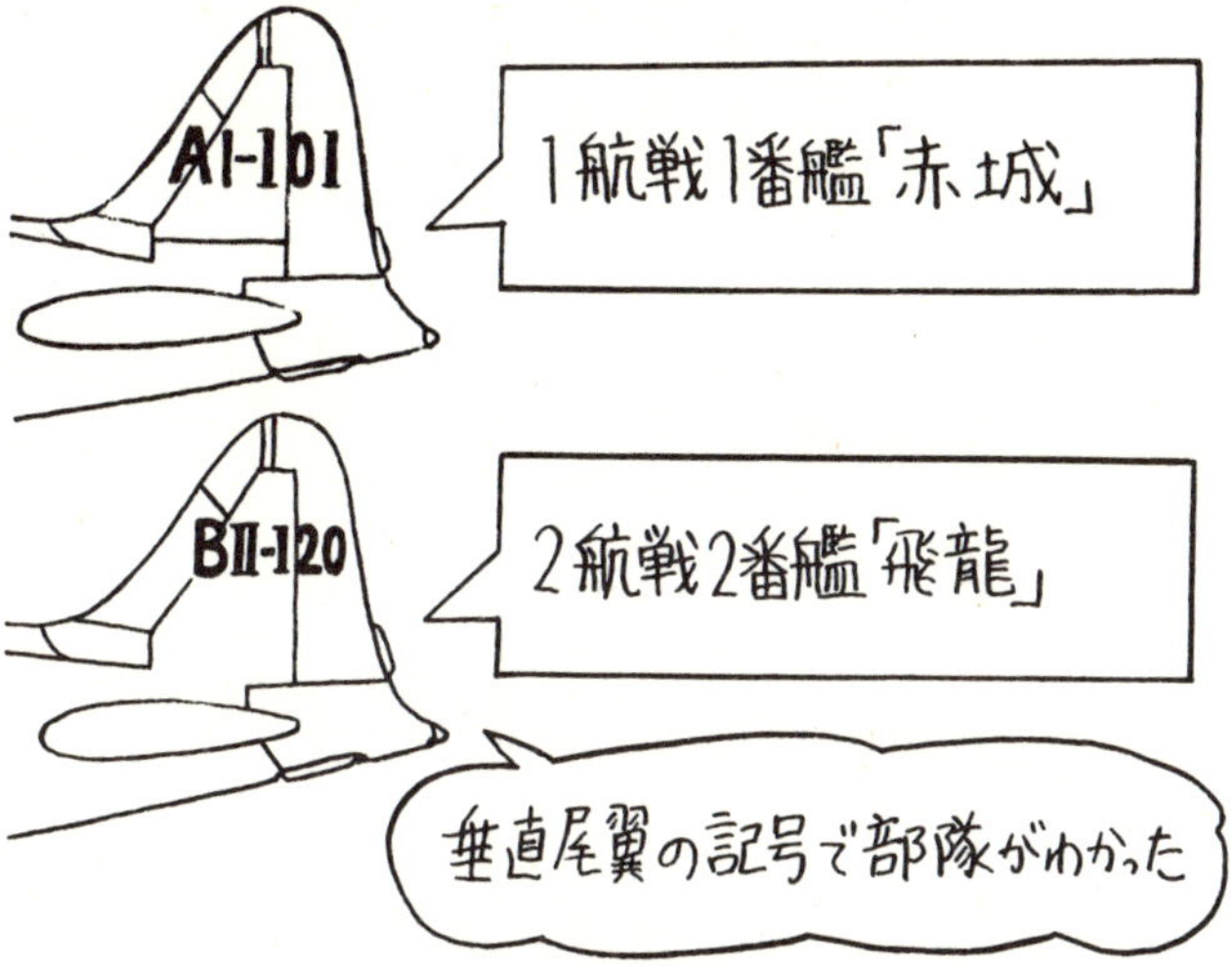

用している。

マリアナ方面に進出するときには隊名の数字を識別する方法に戻ったが、「虎」や「獅」と書いたまま出撃した零戦も少なくない。

大戦も後期になると、特設飛行隊制度が採用され、航空隊を示す記号を記入する隊もでてきた。カタカナで１文字が一般的で、隊名が似ている場合は２文字も使った。ヨは横須賀空、サは佐世保空、カは霞ヶ浦空など。ただし、オが頭にくる基地名が多いので、オは大村空だけにして、そのほかは２文字になった。

ちなみにオのつく航空隊には次のようなところがある。オミ＝大湊空、オタ＝大分空、オヰ＝大井空、オヒ＝追浜空。

95 爆弾はどこにどうやって取りつけたのか？

零戦は、一一型から五二甲型まで、60キログラム爆弾を2個、あるいは30キログラム爆弾を2個、主翼の下に1個ずつ搭載できた。

主翼の内部は、人の胴体と同じように、背骨にあたる主桁があり、肋骨のような肋材がフレームになっている。肋材は胴体側から翼端にかけてほぼ200ミリ間隔で1番から28番まで（一一型、二一型、三二型）ある（翼の短い二二型、五二型は小骨は26番まで）。20ミリ機銃は9番と10番の間におさめられている。

爆弾は20ミリ機銃の外側の、60キログラムの場合は12番と13番の肋材の間に、30キログラム爆弾はもうひとつ外側の13番と14番の肋材で仕切られた間の翼の外壁に取りつけられるようになっている。

主翼の裏面に、爆弾架取りつけ金具がついている。爆弾をつけないときはこの金具が翼の裏面に納まっているが、爆弾を取りつけるときは金具を引き出して、ここに特設爆弾架を取りつける。そして、特設爆弾架に爆弾を抱えさせるわけである。主翼に直接取りつけるのではなく、アジャスターを取りつけて、それから爆弾を搭載していたのだ。

重たいよ〜
カモだ
ゼロ戦は本来
爆弾をつむようにはできていないのだ!!

五二丙型になると、片翼に30キログラム爆弾なら2個、60キログラム爆弾なら1個、10キログラムロケット弾なら5個の取りつけが可能になっていた。

五二丙型は主翼内に、20ミリ機銃の外側に13ミリ機銃を装備したので、13〜15番の肋材の位置にかけて、爆弾懸吊《けんちょう》フックをつけている。10キログラムロケット弾は、同じ位置に最初から振れ止め金具がついていて、装着はすぐにできるようになっている。

量産型ではなかったが、六三型は胴体下に２５０キログラム爆弾が装着できるようになっていた。

増槽タンクは翼面下に取りつけるようになっていたので、胴体下には弾体押さえ金具や爆弾懸吊《けんちょう》フックが露出していた。

96 零戦が苦戦するようになったのはなぜか？

ひとことでいえば、年齢的に峠を越えた競争馬が、いつまでもＧ１レースに参加しているようなものだったからといったら、零戦に対して失礼になるだろうか。しかし、実態はそのとおりだったのである。それに騎手にあたるパイロットの経験不足など、さまざまな要因が重なったことなどから、零戦は徐々に活躍できなくなっていったのである。

戦争初期は、１対１で格闘戦を戦って、その空戦能力の高さから零戦はほかの戦闘機を圧倒した。アメリカ軍は日本にこれほど強い戦闘機があったことに驚き、零戦とはドッグファイトはするな、零戦を見たら逃げてもよいと指示をだしていた。

それが変わってきたのが、アメリカ軍がこの驚異の戦闘機零戦を手に入れてから。零戦を復元して研究をかさね、強さとともに弱点も握った。そこで空戦の戦法をかえると同時に、零戦をしのぐ戦闘機Ｆ６Ｆヘルキャットをつくり上げた。Ｆ４Ｆワイルドキャットにも２０００馬力級のエンジンを搭載し、性能の向上を図っている。

アメリカ軍はこれらの飛行機を大量に投入し、零戦１機に２機で攻撃を仕掛ける作戦をとってきた。１対２では零戦得意の格闘戦には持ち込めない。零戦は防御がきわめて弱い。

2機に攻撃を仕掛けられたら防戦一方になる。そのいずれかの弾丸が燃料タンクにでもあたれば、すぐに火をふいて落ちていく。

Ｆ６Ｆは防弾もしっかりと施されていて、12・7ミリ機銃も片翼3挺ずつの計6挺搭載されている。スピードも零戦を大きく上回る。スピードと火力にまさるＦ６Ｆに背後や上空から攻撃を受けたら、ひとたまりもない。

アメリカは物量も豊富にある。日本とアメリカの飛行機の生産数は、月産概数で、開戦時の昭和16年12月が日本530機に対してアメリカ2500機である。5分の1にすぎない。17、18年になってもこの比率はほぼ変わらない。19年6月には、日本2800、アメリカ8100と比率はあがるものの、絶対数では差は開くばかりである。

出来上がった飛行機も、少ない熟練工や若い技術者まで徴兵したため、ほとんどシロートがつくっていた。粗製乱造の見本のようなもので、飛べない飛行機まであったというから、数の多さがまったく意味をもたないことになる。

パイロットの育成も、ビニールハウスの促成栽培と同じように行なわれた。はじめのころこそ飛行教程修業期間は8カ月あり、実施部隊で約1年の実地訓練を受けて、はじめて一人前とされていた。しかし、敗色が一段と濃くなってくるころになると、訓練期間は短縮され、飛行時間100時間程度の新米パイロットが出撃することもあった。

97 零戦が戦った外国機にはどんなものがあるか？

零戦は第2次大戦でアメリカ軍の戦闘機と戦ったイメージが強い。したがって、零戦と戦ったことのある飛行機というと、逆ガルウィングをもったF4Uコルセアだとか、双胴のP－38、サメのペインティングが印象的なP－40ウォーホーク、太った猫のF6Fヘルキャット、大きなエアインテークが目立つP－51など、アメリカ軍の飛行機の名前がまず浮かぶ。

ところが、零戦が最初に投入されたのは、日華事変中の中国戦線である。零戦の最初の空戦の相手となったのは、ソ連製の戦闘機、I（イ）－15、I－16、そしてSB（エスベー）爆撃機である。アメリカ製の戦闘機P－36ホークもあった。このほかに複葉機や単葉機もあるが、機種名ははっきりとはわかっていない。

インドシナ方面に進攻すると、イギリスやオランダ、オーストラリアの飛行機とも交戦した。オランダの飛行機はバッファロー、ハドソンなどアメリカ製の飛行機だ。それでもイギリスとなると自前の飛行機になり、スピットファイアーやハリケーンなどの戦闘機とも戦った。全部あわせると、零戦は40種類を越える飛行機と戦ったはずだ。

零戦と戦った主な外国機

ソ連機
戦闘機／Ｉ-15，Ｉ-16，Ｉ-17
爆撃機／ＳＢ(エスベー)
アメリカ機
戦闘機／Ｐ-35，Ｐ-36，Ｐ-38ライトニング，Ｐ-39エアコブラ，Ｐ-40ウォーホーク，Ｐ-47サンダーボルト，Ｐ-51ムスタング，Ｆ２Ａバッファロー，Ｆ４Ｆワイルドキャット，Ｆ４Ｕコルセア，Ｆ６Ｆヘルキャット
小型爆撃機／ＳＢＤドーントレス，ＴＢＤデバステーター，ＴＢＦアベンジャー，ＳＢ２Ｃヘルダイバー
中型爆撃機／Ａ-20ハボック，Ｂ-25ミッチェル，Ｂ-26マローダー
大型爆撃機／Ｂ-17，Ｂ-24，Ｂ-29，ＰＢ４Ｙ
水上偵察機／ＯＳ２Ｕ
飛行艇／ＰＢＹ，ＰＢ２Ｙ，ＰＢＭ
イギリス機
戦闘機／ハリケーン，スピットファイアー，Ｆ２Ａ(アメリカ機)
艦上雷撃機／スウォードフィッシュ
陸上爆撃機／ウェリントン
オーストラリア機
水陸両用偵察機／Ａ-24
陸上爆撃機／Ａ-20Ａ
オランダ機
戦闘機／Ｆ２Ａ(アメリカ機)
爆撃機／ハドソン(アメリカ機)

98 終戦のとき零戦は何機くらい残っていたのか？

昭和20年8月15日、日本軍は負けた。しかし、日本国内のみならず、中国や朝鮮半島、インドシナなどの南方で、敗戦を認めない部隊もあった。

日本国内で徹底抗戦を叫んでいたのが、小園安名大佐率いる厚木航空隊である。厚木基地には当時、零戦40機、雷電30機、彗星30機、月光15機、彩雲と紫電改で40機、銀河15機が常備されていた。ほかに予備が350機あり、修理可能機もあわせると、約1200機もあった。

兵力もパイロットを含めて約5500人もいて、食料、弾薬、燃料は2年分を貯蔵していたという。敗戦にさえならなかったら、日本初のロケット戦闘機の秋水、迎撃戦闘機の震電なども配属される予定になっていた。秋水用のロケット燃料も用意されていたから、手回しのよいことである。

これだけの戦力をもっているのだから、厚木航空隊の司令・小園大佐は負けたというのは屈辱以外のなにものでもない。なによりも、厚木航空隊だけで本土空襲に飛来したB－29を200機以上撃墜し、P－51などの戦闘機もあわせると、600機近くも撃墜している。厚木航空隊は負けていない、まだ十分に戦えると考えてもおかしくない。

だが、ポツダム宣言の受諾を決めた軍上部からは、跳ね上がりと見られ、司令の小園大佐は執拗な説得を受ける。説得に応じない小園大佐に対して、強引に拘束して軍法会議にかけ、終身刑として投獄してしまった。

こうしたドタバタは、ことの大小という差はあっても、あちこちで起こったのである。軍部がそれまでにいってきたことが、敗戦という事実を突きつけられたことによって、価値観が一変してしまい、その変化についていけなかったからだろう。

しかし、大規模な反乱もなく、大方は敗戦を受け入れていった。

終戦時には、厚木航空隊の例に見るように、各地の基地にかなりの飛行機が残っていた。零戦も同じである。なかには、三菱の金星エンジンを積んだ零戦五四型のように、青森県の三沢基地で実験が行なわれ、2機生産しただけで終戦になって量産には入れなかったものもある。そうしたものもあわせて、終戦時に残っていた零戦は580機である。国内だけの数字だから、外地にあったものも含めると、700〜800機はあっただろう。

戦後、アメリカ軍は日本軍の武装解除と同時に、航空機の解明作業をするため、陸軍機27種類、海軍機25種類、合計151機を本国に運んだ。零戦は、五二型4機、六三型4機の8機が海を渡って、さまざまな調査をされた。

99 結局、なぜ海軍は零戦だけで戦ったのか？

零戦が制式化されると、開発メーカーの三菱だけが生産するのではなく、中島でも生産することになった。そのときに、改造などの設計変更に関しては三菱が担当すると決められた。

零戦の性能要求が厳しく、よくいえばオールマイティな戦闘機、悪くいえば総花的な戦闘機だったこともあって、改造につぐ改造が行なわれた。このため、次の戦闘機を開発するよりも、零戦を改造するほうに技術者がとられてしまった。

わが国は独自に飛行機を開発する技術をもったといっても、技術者の層は決して厚くない。それなのに、零戦の改造に技術者がとられてしまうと、新機種開発のほうは進まなくなってしまう。そう多くもない技術者の分散が新しいものを生むエネルギーを削いでしまうからだ。

事実、12試艦上戦闘機が完成し、零戦としてデビュー間近になった昭和14年9月、三菱は海軍から局地戦闘機の試作内示を受けた。14試局地戦闘機、のちの雷電である。三菱は零戦と同じく、堀越技師（途中から高橋己治郎技師に代わる）を設計主務者として、設計に着手した。

けれども、零戦を改造することが優先で、なかなか14試局地戦の試作は進まない。なにしろ、零戦は改造のテンポが早かった。とくに五二型以降は3〜4カ月の間隔で改造している。零戦をオールマイティに使うのではなかったのならば、これほどの改造を繰り返す必要はなかったはずである。

とにかく零戦に技術者の手がとられるものだから、14試局地戦の1号機が完成したのは、17年2月に入ってからである。その後テストが繰り返されたが、振動が激しくてこれの対策に1年近く時間がかかってしまった。これらのトラブルが一応解決して、雷電一一型が正式採用になったのは、19年1月である。試作の内示を受けてから実に4年と4カ月後のことである。

海軍機の設計制作をしていたのは三菱だけではない。川西は水上機に強いメーカーだった。その川西が、水上戦闘機「強風」をベースにした陸上機「紫電」を制作することになった。紫電は水上機を専門とするメーカーがつくったこともあって、脚とエンジンのトラブルが相次いだ。そこで、エンジンと脚を強化して「紫電改」を完成させた。18年の12月のことである。すぐに量産に入ったものの、現役の戦闘機零戦にとって代わるまでにはいかなかった。結局は零戦で戦うしかなかったのである。

零式艦戦三二型	零式艦戦二二型	零式艦戦五二型	零式艦戦五二丙型
A 6 M 3	A 6 M 3	A 6 M 5	A 6 M 5 c
11.00 9.060(水平) 3.509 21.44	12.00 9.060 3.509 22.44	11.00 9.120 3.509 21.30	左に同じ
中島栄21型 1100／2850 980／6000	中島栄21型 1100／2850 980／6000	中島栄21型 1100／2850 980／6000	中島栄31型 1180／2700 950／7000
住友ハミルトン式恒速三翼	左に同じ	左に同じ	左に同じ
1807 2544	1863 2679	1876 2733	2155 3150
7.7×2および20×2 30×2	7.7×2および20×2 30×2	7.7×2　20×2 30×2または60×2	13×3　20×2 60×2または30×4または小型ロケット爆弾
な　し な　し な　し	な　し な　し な　し	な　し な　し な　し 翼内タンクに装備	防弾ガラス(前面) 防弾鋼鈑(後方) 防弾ガラス(後方) 胴体タンク 翼内タンク 胴体内タンク
294／6000 7′−19′／6000 11050 9.0／200／ 4180(増槽つき)	292／6000 11050	305／6000 7′−01′／6000 11740	302／6000 5′−40′／5000 11050 9′0／200／ (増槽つき)
昭和16年7月	昭和17年秋	昭和18年夏	昭和19年9月
①発動機を二速過給器つきとする ②生産簡易化のため翼端を切断，折り畳装置を廃止 ③補助翼タブバランスを廃止	①翼端折り畳装置および翼端幅を復旧する ②外翼内に2×45ℓ燃料タンクを増設する ③無線支柱補強	①再び翼端折り畳装備を廃止，翼端平面型を丸型とする ②単排気管として性能向上する ③フラップ幅を増し補助翼幅を減らしタブバランスを廃止する	①翼内脚外方に13mm機銃2梃増設 ②翼外鈑の厚さを増し，急降下制度速度を計器指示400ktに保つ

「零戦」性能一覧

名称型式		零式艦戦一一型	零式艦戦二一型
略号		A 6 M 2	A 6 M 2
主要寸法	翼幅（m） 全長（m） 翼面積（平方m）	12.00 9.050(水平) 3.509 22.44	12.00 9.050 3.509 22.44
発動機要目	名称 第一速公称馬力 ／公称高度(m) 第二速公称馬力 ／公称高度(m)	中島栄12型 950／4200	中島栄12型 950／4200
プロペラ型式及翼数		住友ハミルトン式 恒速三翼	左に同じ
重量	自重(kg) 正規全備重量(kg)	1671 2389	1680 2410
兵装	機銃口径(mm)×装備数 爆弾重量(kg)×積載数	7.7×2および20×2 60×2または30×2	7.7×2および20×2 60×2または30×2
防弾	操縦者防弾 燃料タンク防弾 燃料タンク消火装置	なし なし なし	なし なし なし
性能	最大速度(ノット)／高度(m) 上昇時間(分，秒／高度(m) 実用上昇限度(m) 航続時間(h)／ 速度(kt)／速度(m)	288／4550 7′−27′／6000 10080	288／4550 7′−27′／6000 10300 9.33／180／4700 (増槽つき)
初号機完成年月		昭和14年12月	昭和15年
特徴と変遷		①発動機を栄一二型に換装	①艦上取扱をよくするため翼端折り畳装置を付ける ②第127号機以降補助翼出入と連動するタブバランスを付ける

「零戦」性能一覧

	零式艦戦六三型	零式艦戦五四丙型(六四型)	零式練習戦闘機 二二型
	A 6 M 7	A 6 M 8 c	A 6 M 5 -K
主要寸法	11.00 9.120 3.509 21.30	左に同じ	11.00 9.120 21.30
発動機要目	中島栄31甲型 1100／2850 950／7000	三菱金星62型 1350／2000 1250／5800	中島栄21型 1100／2850 980／6000
	住友ハミルトン型 恒速式三翼	左に同じ	左に同じ
重量	2155 3150	左に同じ	1907 2576
兵装	13×3　20×2 250×1　60×2	13×2　20×2 小型ロケット爆弾	なし なし
防弾	防弾ガラス(前面) 胴体，翼内タンク共 なし	胴体内タンク 翼内タンク	なし なし なし
性能	293／6400 9′－58′／8000 10180	309／6000 6′－50′／6000 11050 正規状態で空戦30分 ＋巡航2.03時間	260／6000 8′－10′／6000
	昭和20年5月	昭和20年4月	昭和20年３月
	①水平安定板補強 ②胴体下面に250kg爆弾を装着するため増槽を２つに分け左右翼面下に移す	①胴体内機銃を廃止 ②翼内タンクの内袋式防弾を廃止し，自動消火装置を装備する	①零戦五二型(A6M5)より改造 ②生産準備中に終戦となる

[著者紹介]
渡部真一(わたなべ・しんいち)
1951年福島県生まれ。東京理科大学中退。
雑誌記者、専門雑誌編集長を経て現在はフリーランスライター。主に環境問題やインターネットの分野で活躍する一方で、兵器研究にも情熱を燃やし、今回その研究成果の一端を表わした。著書に『戦艦大和99の謎』など多数。
現在はビジネス界を中心テーマにし、執筆活動を続けている。

零戦《ゼロファイター》99の謎

2006年 7月30日 初版発行
2013年 8月15日 5版発行

[著者] 渡部真一

[発行所] 株式会社 二見書房
東京都千代田区三崎町 2-18-11
電話 03(3515)2311[営業]
03(3515)2313[編集]
振替 00170-4-2639

[編集] 株式会社 カオス
[印刷/製本] 株式会社 堀内印刷所

ISBN978-4-576-06123-8
http://www.futami.co.jp

※本書は1995年1月に二見文庫として刊行した書籍の改版改訂新版です。